Fayçal Hamdaoui
Anis Sakly
Abdellatif Mtibaa

L'électronique embarquée dans le domaine de l'imagerie médicale

Fayçal Hamdaoui
Anis Sakly
Abdellatif Mtibaa

L'électronique embarquée dans le domaine de l'imagerie médicale

Conception des architectures reconfigurables pour la segmentation d'images IRM cérébrales

Presses Académiques Francophones

Imprint

Any brand names and product names mentioned in this book are subject to trademark, brand or patent protection and are trademarks or registered trademarks of their respective holders. The use of brand names, product names, common names, trade names, product descriptions etc. even without a particular marking in this work is in no way to be construed to mean that such names may be regarded as unrestricted in respect of trademark and brand protection legislation and could thus be used by anyone.

Cover image: www.ingimage.com

Publisher:
Presses Académiques Francophones
is a trademark of
International Book Market Service Ltd., member of OmniScriptum Publishing Group
17 Meldrum Street, Beau Bassin 71504, Mauritius

Printed at: see last page
ISBN: 978-3-8416-3334-7

Copyright © Fayçal Hamdaoui, Anis Sakly, Abdellatif Mtibaa
Copyright © 2015 International Book Market Service Ltd., member of OmniScriptum Publishing Group
All rights reserved. Beau Bassin 2015

Sommaire

Introduction générale 1

Chapitre 1 : La notion de l'imagerie IRM 4
1. Acquisition de l'information visuelle 6
2. L'imagerie par résonance magnétique IRM : principe et construction 7
   2.1. Principe de L'IRM 8
   2.2. Construction des images IRM 8
3. Différents types d'acquisition des images IRM 11
4. Images acquises saines et avec tumeurs du cerveau 14
   4.1. Images IRM de cerveau saines 14
   4.2. Images IRM de cerveau avec tumeurs 14
5. Conclusion 15

Chapitre 2 : Méthodes de segmentation et métaheuristiques 17
1. Les méthodes classiques de segmentation d'images 19
   1.1. Le seuillage 19
   1.2. Le seuillage 21
   1.3. La segmentation par régions 23
   1.4. La segmentation par optimisation 24
2. Optimisation et segmentation d'images 25
   2.1. Problème d'optimisation mono-objectif 26
   2.2. Problème d'optimisation multi-objectif 26
3. Optimisation à l'aide des algorithmes évolutionnaires (EA) 26
   3.1. Principe 26
   3.2. Les algorithmes génétiques (GA) 29
   3.3. Algorithmes génétiques et segmentation d'images 30
   3.4. Avantages et inconvénients des algorithmes évolutionnaires 31
4. Optimisation à l'aide des algorithmes de colonies de fourmis (ACO) 31
   4.1. Principe 32
   4.2. Algorithmes de colonies de fourmis et segmentation d'images 33
   4.3. Avantages et inconvénients 34
5. Optimisation à l'aide des algorithmes Shuffled Frog Leaping Algorithm (SFLA) 34
   5.1. Principe 35
   5.2. Algorithmes SFLA et segmentation d'images 36
   5.3. Avantages et inconvénients 37
6. Évaluation des algorithmes et mesure de performances 37
7. Conclusion 37

Chapitre 3 : La segmentation des images IRM à base de PSO : Nouvel algorithme proposé 39
1. Particle Swarm Optimization : Présentation générale 41
   1.1. Principe du PSO 41
   1.2. Particle Swarm Optimization : Algorithme basique 42
2. Amélioration du PSO 44
   2.1. Facteur de constriction 44
   2.2. Confinement de particules 45
3. Segmentation des images par l'algorithme PSO 45
   3.1. Optimisation par PSO 45
   3.2. Avantages et inconvénients 46
4. Modified PSO : Nouvel algorithme proposé pour la segmentation bi-niveaux 47
   4.1. Positionnement du problème 47
   4.2. MPSO : Modified Particle Swarm Optimization 48
5. Expérimentations 53
   5.1. Cas des images médicales 53
   5.2. Cas des images Benchmarks populaires 60

Fayçal HAMDAOUI

6.	Conclusion	62

Chapitre 4 : La segmentation multi-niveaux : algorithmes proposés basés PSO 63
1. La segmentation d'images IRM cérébrales basée PSO en temps réel 65
2. Les FPGAs : Notions générales 66
    2.1. La technologie interne des FPGAs 67
    2.2. La carte Xilinx ML507s. Présentation générale 68
    2.3. Les mémoires de configuration de l'FPGA 68
    2.4. La mémoire flash de l'FPGA 69
    2.5. SDRAM DDR2 69
3. Xilinx System Generator : Outil de modélisation niveau système 70
4. Première architecture de segmentation d'images IRM cérébrales 71
    4.1. Acquisition des données en utilisant l'outil XSG 72
    4.2. Conversion des espaces de couleur 73
    4.3. Segmentation à base du seuillage binaire 73
    4.4. La fermeture 74
    4.5. System Generator : Génération du code VHDL 75
5. HAPSO : Hardware Architecture based on PSO 77
    5.1. Architecture matérielle de segmentation bi-niveaux basée PSO conventionnel : Présentation générale ... 77
    5.2. Expérimentations 82
6. Hardware Architecture based on MPSO 88
    6.1. Architecture HAMPSO synchrone 88
    6.2. Expérimentations 93
5. Conclusion 97
Conclusion générale 98

Références bibliographiques 100
Annexes 108

Introduction générale

Introduction générale

Le présent livre s'adresse en priorité à un public professionnel, curieux de l'étude et la caractérisation d'images et passionné par l'application des techniques intelligentes. L'analyse, le suivi, la compréhension, la maîtrise et la résolution et la caractérisation d'images peuvent être considérés comme des champs de recherche très actifs et assez développés pour de nombreux domaines. En effet, c'est un champ de recherche qui intéresse à la fois les physiciens, les médecins chercheurs et les industriels dans plusieurs domaines.

L'analyse et la caractérisation d'une image revient essentiellement à déterminer un nombre de solutions optimales qui doivent satisfaire un ensemble de contraintes et minimisent ou maximisent, selon ce qui est demandé par l'utilisateur, la fonction objectif (fitness) recherchée. Ces problèmes d'optimisation sont considérés parmi les domaines de recherche les plus développés et les plus étudiés par des ingénieurs, des scientifiques et même dans les laboratoires de recherche par des chercheurs. Certains problèmes d'optimisation ont besoin d'efficacité, de rapidité d'exécution et de rentabilité. Ces problèmes sont qualifiés comme durs, difficiles et nécessitant la rapidité en terme de temps de résolution, il est indispensable d'avoir recours aux algorithmes basés sur les techniques intelligentes appelées aussi Soft Computing.

Le lecteur de ce livre scientifique pourra acquérir des connaissances fondamentales relatives à la segmentation et la caractérisation d'images médicales (bi-niveaux et multi-niveaux). En effet, l'étude de ces types d'images permet d'aider les médecins à localiser et diagnostiquer les tumeurs cérébrales. Une des techniques d'acquisition d'images médicales la plus connue consiste en l'utilisation de l'imagerie par résonance magnétique (IRM). Ces appareils sont de plus en plus performants et offrent une qualité d'image assez rigoureuse par rapport à d'autres techniques telles que le scanner.

La conception souple de cet ouvrage scientifique permet de :
- S'initier aux notions théoriques et acquérir des connaissances fondamentales relatives à l'explication clinique de la procédure de réalisation des images IRM;
- Apprendre des méthodes récentes utilisées par des chercheurs pour la segmentation bi-niveaux et multi-niveaux des images médicales.
- Connaître la technique PSO et ses caractéristiques.
- Découvrir de nouveaux algorithmes permettant l'analyse et la segmentation des images IRM.

- Percevoir l'architecture de la carte FPGA de chez Virtex de la famille Virtex V et découvrir une implémentation des nouveaux algorithmes de segmentation bi-niveaux basés PSO déjà validés par MATLAB.

Chapitre 1 :
La notion de l'imagerie IRM

Chapitre 1

La notion de l'imagerie IRM

Introduction

Avec le progrès scientifique et technologique très rapide, essentiellement dans le domaine de l'électronique et de l'informatique, l'image est devenue un outil indispensable et un vecteur fondamental très important dans l'information et dans la communication. En effet, l'image tient, actuellement, une place importante et primordiale dans divers secteurs variés tels que la biologie, la télédétection et la médecine où l'utilisation de l'image peut être considérée comme indispensable pour l'aide au diagnostic et la fiabilité du traitement. Egalement, le développement des systèmes performants exécutant des algorithmes très complexes a permis la progression du traitement de l'information. Ces deux approches, l'importance de l'image en tant qu'outil et la progression des systèmes de traitement de l'information ont donné naissance au traitement d'images.

L'objectif de ce premier chapitre du présent document scientifique est de définir clairement les concepts et les méthodes essentielles utilisés pour la caractérisation d'images médicales. De ce fait, nous nous intéressons, dans un premier temps, à « la vision », discipline qui a donné naissance à l'idée de l'imagerie médicale et de l'utilisation de l'IRM. Dans un second temps, nous présentons la spécificité des images IRM et leurs caractéristiques. Dans un dernier temps, nous introduisons la notion des tumeurs cérébrales, objet de segmentation des images IRM.

1. Acquisition de l'information visuelle

La capacité de voir et de comprendre ce qu'on est entrain de voir se diffère totalement du fait d'expliquer ce phénomène de perception. En effet, selon les cours les plus connus qui traitent le module de la vision, le terme "voir" est entre autre : discerner et reconnaître les formes, les couleurs et les textures du monde qui nous entourent. Plusieurs croient que, à tort, seul l'œil est indispensable pour cela. Par contre, la réalité est loin d'être proche de cette pensée.

Réellement, l'information présente sur la rétine de nos yeux n'est qu'une collection de points (pixels : picture element) qui peut atteindre, environ, un million de points. Chaque point représente une indication sur la quantité de la lumière et la qualité de la couleur qui proviennent de l'espace pour être projeté sur la rétine afin de subir différents traitements préliminaires. Ensuite, l'information visuelle est transmise au cerveau, une des plus merveilleuses et complexes inventions du Dieu, où les traitements de plus haut niveau sont réalisés. La description des objets perçus "voiture, stylo, personne ..." est, donc, le résultat d'un processus d'interprétation "cortex visuel" qui permet la correspondance entre l'information sensorielle et la description des objets perçus.

L'importance du domaine de la « vision humaine » qui est un système extrêmement complexe et du cerveau, centre principal des traitements de plus haut niveau, a motivé plusieurs neurobiologistes pour développer des études de recherches théoriques et expérimentales afin de répondre à plusieurs questions compliquées et de comprendre donc notre système visuel [1].

Partant du postulat que notre système visuel avec ces deux composantes (œil et cerveau) est capable de réaliser et d'exécuter avec une grande fiabilité l'analyse de scènes, les chercheurs s'intéressent à la réalisation et au développement d'un système fiable et rapide possédant des propriétés semblables et non pas identiques à la vision humaine. Avec le temps et le progrès scientifiques et technologique, le développement et la mise en place de ce système que l'on peut appeler « outil bio-inspiré de traitements d'images » devient, presque, indispensable. En effet, le développement de ce système « bio-inspiré » permet ; d'acquérir l'information visuelle, d'avoir la capacité à extraire de l'information des images et des flux vidéo enregistrés. Dans ce cadre, Hechri et al. ont arrivé à réaliser un robot autonome à base de système de vision capable de se déplacer dans un milieu délimité par deux bordures [2]. En d'autres termes, c'est réussir la perception, l'analyse et la compréhension du monde qu'ils observent en utilisant les caméras et/ou les appareils photos numériques.

Comme pour la vision humaine, et exactement au niveau du processus d'interprétation, la vision par ordinateur, ce vaste domaine de recherche, se subdivise en trois paradigmes : les mathématiques, le traitement de signal et l'intelligence artificielle [3]. En effet, la vision par ordinateur utilise des stratégies bien définies afin d'atteindre ses buts. La stratégie commence, généralement, à l'entrée par une séquence d'images qui a pour rôle d'apporter un certain nombre de connaissances. Ensuite, on passe à la technique. Il est recommandé d'appliquer plusieurs formules mathématiques concernant les espaces de représentation des couleurs, les coordonnées du repère utilisé [4] etc..... Ces connaissances sont obtenues et manipulées par l'application des notions du paradigme traitement de signal. Prenant l'exemple du problème de segmentation puisqu'elle est à la base du sujet de cette thèse, les régions d'intérêt (Region Of Interest (ROI)) sont les connaissances extraites après l'opération de segmentation appliquée sur l'entrée. Finalement, la sortie est une description de l'entrée en termes de relations entre ces ROI.

La segmentation d'images est un axe de recherche très développé. Il est à la base de tout système de vision. Le but de toute méthode de segmentation est l'extraction des ROI. Deux approches principales peuvent être suivies lors de la segmentation, soit une approche basée contour ou une approche basée région. La seconde revient à déterminer des zones homogènes en niveaux de gris de l'image. Cette approche basée sur la région s'intègre au mieux à la segmentation des images médicales, car il n'y a pas de différences marquées pour de nombreuses frontières des tumeurs. Ces approches appartiennent au type des méthodes géométriques. Egalement, on trouve une autre approche qui est simple et très populaire, mais elle n'est pas une méthode de segmentation ni en contours ni en régions. Cette dernière approche en pixel est appelée seuillage et appartient au type des méthodes statistiques. Le seuillage peut être :

➢ Global, c'est-à-dire un seul seuil pour toute l'image.
➢ Local, c'est-à-dire un seuil pour une portion de l'image et donc plusieurs seuils appliqués sur la totalité de l'image (multi-seuillage).
➢ Adaptatif : un seul seuil qui s'ajuste suivant les parties composant la totalité de l'image.

Il existe, encore, un troisième type de méthode de segmentation qui est appliqué dans le domaine de la vision et spécifiquement en segmentation : C'est la méthode par optimisation. Pour cette méthode de segmentation, le problème est formulé par une minimisation (ou maximisation) d'une fonction « f » objectif qui dépend, essentiellement, du temps d'exécution et de/des valeur(s) de/des seuil(s) à déterminer.

A ce niveau là, une question très importante qui se pose. Finalement, comment choisir objectivement la méthode à utiliser ? La réponse à cette question repose, dans un premier temps, sur le type et la spécificité du domaine d'étude de l'application. Dans un deuxième temps, elle nécessite une étude approfondie sur les caractéristiques des méthodes les plus populaires et qui explique le choix effectué.

Pour ce faire, nous avons choisi de commencer par la présentation de la méthode permettant d'obtenir les images IRM et qui repose sur la densité et la structure des protons.

2. L'imagerie par résonance magnétique IRM : principe et construction

L'imagerie médicale est un domaine spécifique de la vision par ordinateur. Elle regroupe les moyens d'acquisition et de traitements des images des organes du corps humain en utilisant différents phénomènes physiques. C'est à partir des travaux de Wilhelm Röntgen que les recherches dans le domaine de l'imagerie médicale ont commencé. Actuellement, plusieurs chercheurs s'intéressent à des travaux dans ce domaine et ils ont pu publier des articles récents traitant la segmentation des images médicales et plus particulièrement la segmentation des images cérébrales, c'est-à-dire du cerveau par plusieurs méthodes. Ces images cérébrales sont obtenues via l'Imagerie par Résonance Magnétique (IRM).

2.1. Principe de L'IRM

L'évolution des modalités de l'imagerie médicale dépend, essentiellement, de l'évolution des principes physiques qui sont à l'origine de la réalisation des images médicales. Les principales modalités utilisées dans ce domaine sont le tomodensitomètre ou scanner X, les techniques basées ultrasons et optique, la tomographie par émission (imagerie nucléaire) et principalement la technique IRM [5]. Dans la suite, nous décrivons le principe de la technique IRM qui nous concerne dans notre travail de thèse, ainsi que les raisons qui plaident en faveur de ce choix.

L'imagerie par résonance magnétique IRM est une technique radiologique de diagnostic médical basée sur le principe de la résonance magnétique nucléaire (RMN). Cette technique permet d'obtenir des images de l'intérieur du corps humain d'une manière non invasive avec des vues en deux dimensions ou, même, en trois dimensions avec une grande précision atomique.

L'avantage de cette technique l'IRM par rapport à d'autres est qu'elle est sans danger. Par contre, par exemple, les rayons X émis lors d'un scanner sont nocifs. Egalement, l'IRM offre une bonne résolution et permet de voir les tissus mous avec un bon contraste : C'est le phénomène de la Résonance Magnétique des Noyaux atomiques ou RMN, cité ci-dessus, qui est à l'origine.

Depuis les années quarante du vingtième siècle, plusieurs physiciens, tels Isidor Isaac Rabi, Felix Bloch et Edward Mills Purcel (prix Nobel 1944 pour Rabi et 1952 pour Bloch et M. Purcel), utilisent cette technique pour étudier la matière. Par contre, le développement de cette technique dans l'imagerie médicale est beaucoup plus récent et revient à l'an 1973 avec Paul Lauterbur et Peter Mansfield.

2.2. Construction des images IRM

Rappelons que la perception des objets avec nos yeux repose sur le fait que cet objet nous envoie de la lumière, plus précisément des grains de lumière que nous appelons des photons (figure 1.1).

Figure 1. 1: Les photons [6]

En se basant sur ce principe, les chercheurs ont conclu que la vision et la détection d'une partie de l'intérieur du corps se fait par l'envoi des photons : C'est exactement ce que l'IRM permet de faire. En effet, la matière est constituée d'atome. Cet atome est composé d'un noyau autour duquel tournent les électrons. La figure suivante explique 1.2 bien ce phénomène.

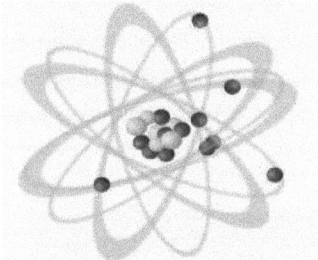

Figure 1. 2: L'atome [6]

Le noyau d'un atome est un objet complexe constitué de plusieurs particules. De ce fait, le noyau de deux atomes différents peut avoir des propriétés différentes. Des exemples sont donnés dans la figure 1.3 suivante.

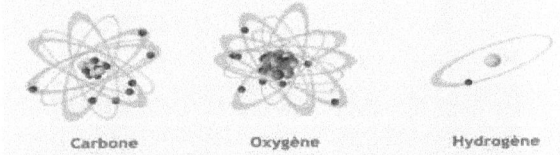

Figure 1. 3: Les atomes de Carbone, d'Oxygène et d'Hydrogène [6]

Les chercheurs se sont intéressés à la façon avec laquelle va réagir le noyau lorsqu'il sera plongé dans un champ magnétique créé par un aimant. Certains noyaux atomiques, comme celui du l'atome de carbone ou de l'oxygène, ne subissent aucun changement. Par contre, d'autres noyaux, comme par exemple celui de l'atome d'hydrogène se colore. C'est-à-dire, lorsque cet atome (par exemple, l'hydrogène) est éclairé avec de la lumière blanche, composée de toute les couleurs du domaine de visible, il ne renvoie qu'une seule couleur (voir la figure 1.4).

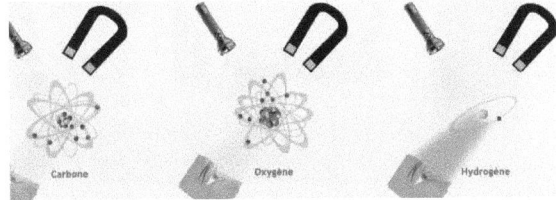

Figure 1. 4: Différentes réflexions des atomes envers l'éclairage de la lumière dans un champ magnétique [6]

Pour les objets unicolores (figure 1.5), lorsqu'ils sont éclairés avec de la lumière blanche, ils ne renvoient que de la lumière verte, toutes les autres couleurs seront absorbées par le produit. C'est le même principe pour le noyau de l'atome d'hydrogène, mais un peu plus compliqué. La couleur à laquelle le noyau de l'atome d'hydrogène est sensible n'est pas une couleur visible, il s'agit d'une couleur au delà de l'infrarouge dans le domaine des ondes radio et dans ce cas on parlera de la fréquence à la place de la couleur [6].

En se basant sur le fait que cette fréquence dépend de la valeur du champ magnétique, faire de l'imagerie médicale est devenu une réalité [7]. Cela revient à la création d'un champ magnétique puissant à l'aide de gros aimants. Ces aimants sont configurés de façon à ce que le champ magnétique soit différent en chaque point de l'espace à l'intérieur de la machine IRM. La figure 1.5 présente un exemple d'une IRM de cerveau équipé d'une unité de contrôle.

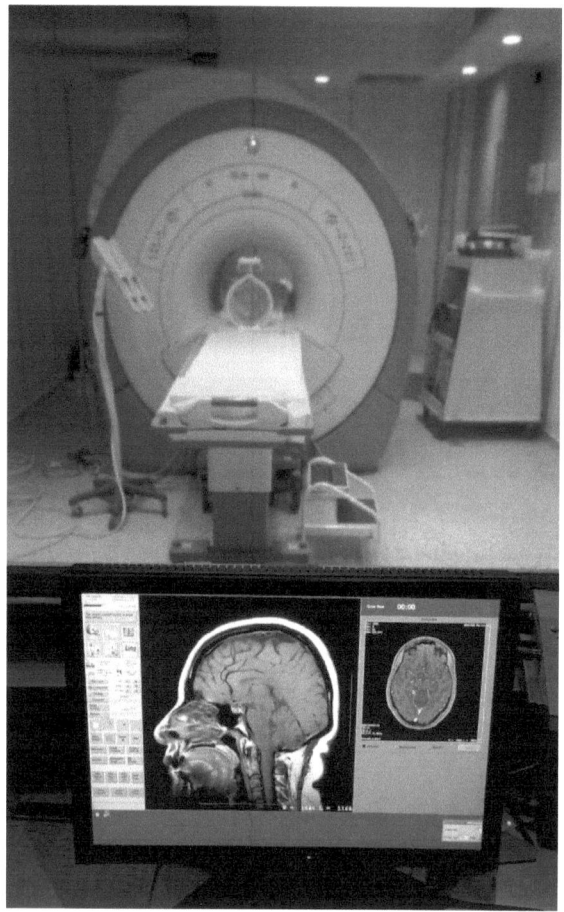

Figure 1. 5: IRM du cerveau [8]

Le principe est maintenant très clair, le corps humain est constitué en 80 % des molécules d'eau (H_2O) qui contiennent les noyaux d'hydrogène et aussi dans les tissus organiques. Ces noyaux sont dotés d'un moment magnétique appelé "spin" $\vec{\mu}$. En cas d'absence du champ magnétique, le spin a une valeur nulle.

$$\vec{\mu} = \vec{0} \tag{1.1}$$

Dans le cas où un champ magnétique apparaît, le spin se polarise. Il se comporte comme une aiguille aimantée et s'oriente dans la direction du champ. Par exemple, l'émission des ondes radio de fréquences variées, sous forme d'impulsions très brèves pour modifier l'orientation du spin, se fait par une antenne. Si on suppose que les ondes radio sont équivalentes à la lumière blanche dans le visible, après chaque durée d'impulsion, le spin émet une onde dont la fréquence dépend de la position de chaque atome d'hydrogène. Cet atome d'hydrogène retrouve spontanément sa position initiale (figure 1.6).

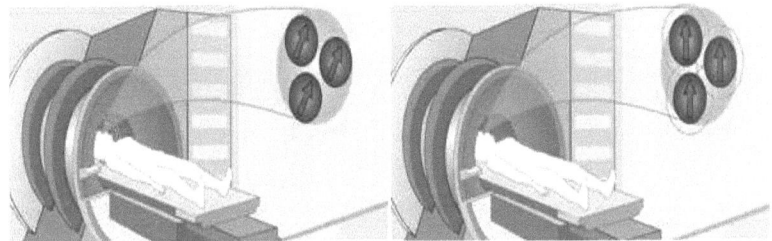

Figure 1. 6: Modification de l'orientation des spins suite à une durée d'impulsion

Le noyau entre donc en résonance et l'onde émise est enregistrée par l'antenne. Par un logiciel adéquat, le signal émis est localisé à partir d'un encodage spatial de la région étudiée afin de réaliser les images 3D. La nature du tissu dans lequel baignent les noyaux d'hydrogène (matière blanche, matière grise, sang ...) est déduite grâce à la fréquence des protons (équivalant aux photons pour la lumière visible) qu'ils ont émis.

3. Différents types d'acquisition des images IRM

Lors de l'acquisition des images, le signal RMN dépend essentiellement de deux paramètres réglables cliniquement [9] :
- Le temps de répétition des séquences d'impulsions, T_R ;
- Le temps de l'écho, T_E

On dit que l'acquisition est de type relaxation « T_1 », si le temps « T_R » et le temps « T_E » sont tous les deux de durée courte. Au contraire, lorsque « T_R » et « T_E » sont tous les deux de longue durée, l'acquisition est dite de type « T_2 ». Alors que dans le cas où « T_R » est long et « T_E » est court, l'acquisition est dite en ρ (avec ρ est la densité de proton).

D'après cette définition, on parle d'image pondérée en « T_1 » si l'acquisition se rapproche plus du type « T_1 » que des deux autres types. Dans ces images pondérées en « T_1 », on observe du plus foncé au plus clair : l'air, les yeux, l'os et le liquide céphalo-rachidien ; les muscles, la peau et la substance grise ; la substance blanche ; la graisse et le sang. De même qu'en « T_1 », l'image est dite pondérée en « T_2 » lorsque l'acquisition se rapproche plus du « T_2 » que du « T_1 » et ρ. Dans ces types d'images pondérée en « T_2 », on observe du plus foncé au plus clair : l'air, l'os et le sang ; les muscles et la peau ; la substance blanche ; la substance grise ; la graisse, les yeux et le liquide céphalo-rachidien. Finalement, l'acquisition est dite pondérée en ρ lorsqu'elle se rapproche plus du ρ que de « T_1 » et « T_2 ». Une autre acquisition peut s'ajouter sur les séquences pondérées en « T_1 » grâce à l'utilisation d'un agent de contraste que le Gadolinium [10] (figure 1.7).

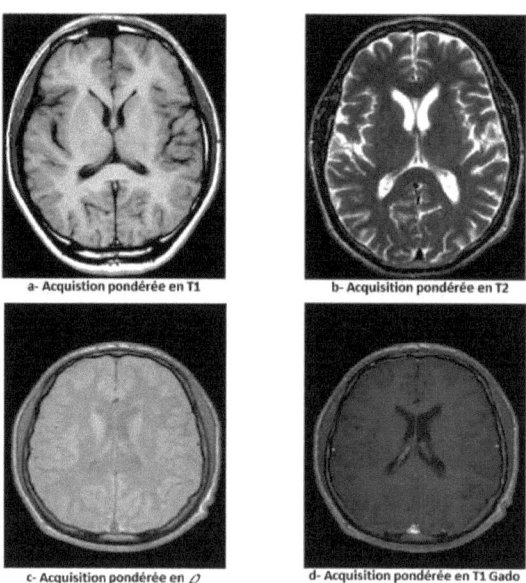

a- Acquisition pondérée en T1   b- Acquisition pondérée en T2
c- Acquisition pondérée en ρ   d- Acquisition pondérée en T1 Gado

Figure 1. 7: Différents types d'acquisition en IRM

L'unité de contrôle retranscrit le signal de la machine IRM. Il en résulte donc des images de coupes des zones du corps explorées.

 Coupe coronale :

Le plan coronal oblique est le plan parallèle au plan de visage et au muscle sus-épineux ou à l'écaille de l'omoplate (figure 1.8).

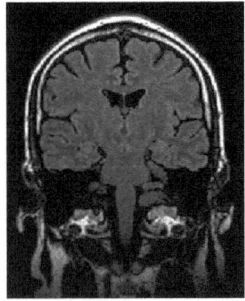

Figure 1. 8: Coupe Coronale du cerveau

✤ Coupe sagittale :

Le plan sagittal oblique, perpendiculaire au plan coronal, est le plan parallèle au plan de symétrie de la tête (figure1.9). Dans ce cas de plan de coupe, l'étendue antéropostérieure d'une rupture de la coiffe est plus précise.

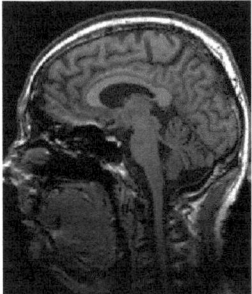

Figure 1. 9: Coupe Sagittale du cerveau

✤ Coupe axiale :

Le plan axial transverse est le plan parallèle au plan qui comprend le nez et les oreilles. Il est particulièrement adapté à l'étude du sus-scapulaire, du tendon du long biceps, de l'articulation gléno-humérale et à un moindre degré du tendon du sous-épineux (figure 1.10).

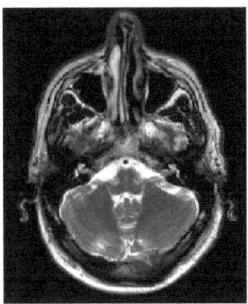

Figure 1. 10: Coupe axiale du cerveau

4. Images acquises saines et avec tumeurs du cerveau

4.1. Images IRM de cerveau saines

La Figure 1.11 représente une image IRM du cerveau. Cette image est composée de deux objets supplémentaires qui sont le fond et le crâne. Le cerveau humain, d'après l'image IRM donnée sur la figure 1.11, contient deux hémisphères séparés par une scissure inter-hémisphère et reliés par plusieurs structures telles que le corps calleux, le thalamus et l'hypothalamus. Globalement, le cerveau est composé de :

- Une matière grise (MG) ;
- Une matière blanche (MB) ;
- Un liquide céphalo-rachidien (LCR)
- Une graisse ;
- Une peau / un muscle ;
- Une conjonction ;

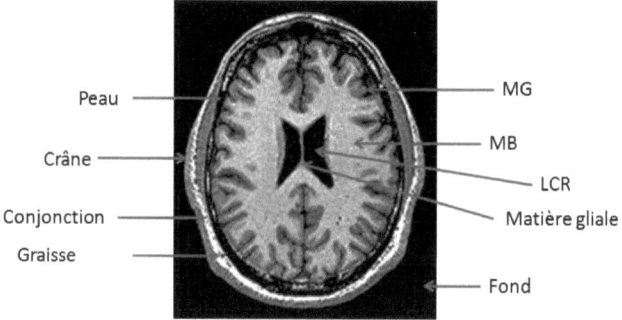

Figure 1. 11: Coupe du cerveau

4.2. Images IRM de cerveau avec tumeurs

La « tumeur » est la multiplication anormale de cellules du cerveau provoquant, ainsi, une masse volumineuse supplémentaire et non naturelle. Les tumeurs cancéreuses ou les tumeurs malignes se développent à l'intérieur du crâne plus rapidement que les autres types de tumeurs. Elles tendent à s'envahir dans des zones autres que celles où elles sont apparues au départ. Elles peuvent développer de nouvelles tumeurs appelées métastases.

Les causes des tumeurs du cerveau sont inconnues. Jusqu'à maintenant, les docteurs ne sont pas parvenus à comprendre pourquoi à un moment donné les cellules se multiplient de manière incontrôlable jusqu'à former une tumeur ? En effet, les tumeurs n'entraînent pas les mêmes symptômes et n'ont pas la même gravité. Elles ne sont pas systématiques. Elles dépendent de plusieurs facteurs à savoir le volume de la tumeur, la vitesse à laquelle elle se développe et surtout l'emplacement dans le crâne. L'apparition des symptômes tels les maux de tête persistants, de crises d'épilepsie ou de troubles des fonctions gérées par le cerveau permet de détecter la présence d'une tumeur du cerveau. La figure 1.12 regroupe des exemples des tumeurs détectées à partir des images IRM pondérées en T_1 et T_2.

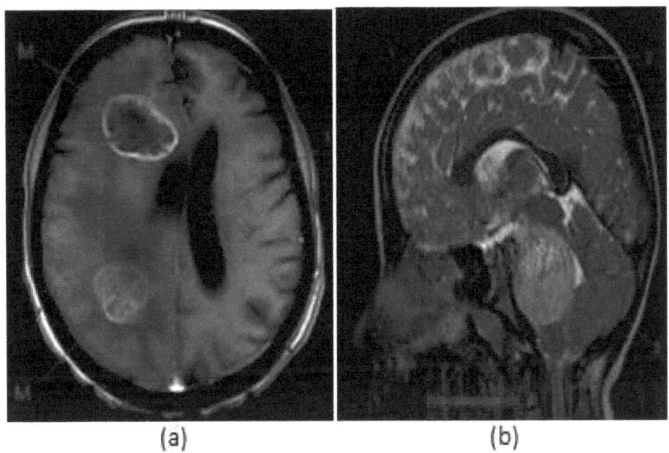

Figure 1. 12: (a) Coupe axiale, T_1 après gadolinium : M, Métastase ; 1, Ventricule latéral. (b) Coupe sagittale, T_2 ; 1, Ventricule latéral.2, Corps calleux.3, Cervelet.4, Gliome. Flèche, Tente du cervelet

Sur la figure 1.12, la métastase cérébrale (M) représentent un ensemble de cellules cancéreuses qui, dans ce cas issue des poumons, migrent vers le cerveau. Elles sont, donc, des lésions intra-axiales. Pour le gliome du tronc cérébral, il est un exemple de tumeur sous-tensorielle.

Dans ce cas, un diagnostic clinique et neurologique complet est nécessaire mais pas suffisant. Pour que le diagnostic d'une tumeur du cerveau soit complet, une IRM est indispensable [8]. Les examens d'imagerie consistent à réaliser des images IRM précises du cerveau. Ces diagnostics permettent de détecter, localiser avec précision, de mesurer la taille et d'évaluer les conséquences que la tumeur a, ou peut avoir, sur le cerveau. Une IRM est réalisée via un appareil cylindrique. La durée de l'examen est de 15 à 30 minutes. Cet examen n'est pas douloureux, mais bruyant. Comme expliqué dans le paragraphe précédent, tout objet métallique doit être enlevé avant d'entrer en entier à l'intérieur de l'appareil, en position allongée. Cela peut provoquer de l'anxiété aux personnes souffrant de claustrophobie, donc un médicament est à prendre. De même, pour les jeunes enfants, l'IRM se réalise sous anesthésie générale pour éviter qu'ils ne bougent pendant l'examen.

5. Conclusion

Dans ce chapitre, nous nous sommes intéressés au domaine de caractérisation des images IRM par des techniques intelligentes. Nous avons, tout d'abord, abordé la notion de la vision qui était à la base de la naissance de l'imagerie médicale. En effet, l'imagerie est une discipline scientifique dont l'objet principal est de fournir des outils pouvant compléter et comprendre l'ensemble « vision humaine + cerveau ». Nous avons détaillé, ensuite, l'un des domaines de la médecine qui a progressé le plus ces vingt dernières années : l'imagerie médicale.

Finalement, notre but était, donc, de déterminer les tumeurs cérébrales contenues dans les images IRM. Cela est possible en segmentant l'image, par application des techniques intelligentes, en des zones. Elle permet de détecter et de localiser les tumeurs cérébrales. Dans le deuxième chapitre, on s'intéresse à la présentation des différentes méthodes de segmentation d'images, ainsi que les techniques intelligentes qui ont été abordées par les chercheurs dans leurs travaux récents et leurs applications dans la segmentation.

Chapitre 2 :
Méthodes de segmentation et métaheuristiques

Chapitre 2

Méthodes de segmentation et métaheuristique

Introduction

Une image, quelque soit son origine, représente un univers composé d'objets dans une scène (par exemple : cellules, organes du corps humain, etc..). L'identification de ces objets est souvent la première phase d'un processus d'interprétation de l'image. L'automatisation de ces procédés d'interprétation des images IRM médicales est un axe de recherche qui intéresse les médecins et les chercheures scientifiques. La segmentation d'images est l'un des opérations les plus importantes pour réussir un système d'interprétation des images. Elle est l'étape la plus importante, puisque elle sert à préparer l'image aux opérations de détection, de suivi, de la reconnaissance et de la classification. Plusieurs méthodes et algorithmes ont été appliqués et développés pour réussir cette opération.

Dans ce chapitre, nous décrivons, dans un premier temps, des méthodes de segmentation basiques. Ensuite, nous formulons le sujet de segmentation sous forme d'un problème d'optimisation. Enfin, nous mettons l'accent sur les méthodes métaheuristiques utilisées pour la résolution des problèmes d'optimisation.

1. Les méthodes classiques de segmentation d'images

Dans la littérature, le nombre de publications des chercheurs qui concerne le problème de la segmentation est assez important. Plusieurs classifications des méthodes de segmentation ont été le principal sujet des ouvrages et ont été proposées dans le domaine du traitement d'images numériques. Dans notre travail, on adopte la classification suivante :

➤ Méthodes de segmentation par seuillage,
➤ Méthodes de segmentation par contours,
➤ Méthodes de segmentation par régions,
➤ Méthodes de segmentation par optimisation.

Dans cette partie du présent rapport, nous essayons de décrire brièvement les méthodes de segmentation et de donner pour chaque méthode quelques illustrations.

1.1. Le seuillage

Le seuillage est la technique de segmentation la plus simple, la plus populaire et la plus répandue pour extraire les objets du fond de l'image numérique. Le seuillage est une méthode très avantageuse par sa facilité de mise en œuvre, son efficacité pour les applications temps réel [2]. Il consiste à comparer le niveau de gris de chaque pixel de l'image avec un seuil fixe afin de séparer les objets entre eux aux différents objets du fond. Après seuillage, on obtient une image binaire.

1.1.1. Le seuillage bi-niveaux simple

Appelé aussi binarisation, il consiste à déterminer un seuil pour toute l'image. Cela nécessite l'introduction de la valeur du seuil par l'utilisateur. Les pixels ayant une valeur de niveau de gris supérieure au seuil prennent la valeur objets (codés à 1 binaire). Les autres prennent la valeur fond de l'image (codés à 0 binaire). Soit « f » l'image originale, « g » l'image segmentée et « T » la valeur de seuil. La classification de chaque pixel est définie par :

$$g(x,y) = \begin{cases} 1 & Si\ valeur\ (pixel) \geq T \\ 0 & Si\ valeur\ (pixel) < T \end{cases} \quad (2.1)$$

1.1.2. Le seuillage bi-niveaux automatique

Le seuillage peut, également, s'effectuer de manière automatique. La valeur du seuil est obtenue en se basant sur l'analyse de l'histogramme des niveaux de gris associée à l'image. Le principe est d'utiliser des méthodes de traitement des données telles que la maximisation d'entropie ou de la variance intra-classe. La figure 2.1 traite un exemple de seuillage automatique d'une image microscopique.

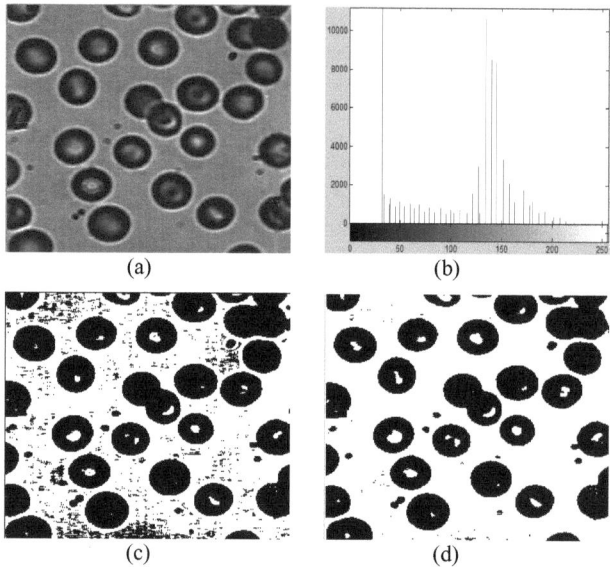

Figure 2. 1: Exemple de seuillage d'une image microscopique. (a) Image originale, (b) Histogramme de l'image, (c) seuillage manuel (T=132), (d) seuillage automatique (T=118)

1.1.3. Le seuillage Multi-niveaux

Appelé aussi seuillage local, il s'agit, dans ce cas, de déterminer un seuil pour chaque portion de l'image. De ce fait, on aura donc plusieurs seuils pour l'image complète à étudier. Soit « n » seuils pour séparer l'image en « n+1 » classes (n ≥ 2), « f » l'image originale, « g » l'image segmentée et « T_i », $1 \le i \le n$, est la valeur du seuil i, la classification de chaque pixel est, donc, définie par :

$$g(x,y) = \begin{cases} 1 & Si\ valeur\ (pixel) \prec T_1 \\ 2 & Si\ T_1 \prec valeur\ (pixel) \le T_2 \\ 3 & Si\ T_2 \prec valeur\ (pixel) \le T_3 \\ \ldots \\ n & Si\ T_n \le valeur\ (pixel) \end{cases} \quad (2.2)$$

Dans la littérature, plusieurs méthodes de multi-seuillage ont été appliquées. L'extension de la méthode d'Otsu, qui a été créée en 1979 [11], est la plus connue [12, 13, 14]. Elle a été appelée Multi Otsu Method. Cette méthode automatique est basée sur l'analyse de l'histogramme de l'image. On trouve, également, d'autres méthodes de multi-seuillage telles que la méthode Kittler créée, en 1986, par Kittler et Illingworth [15] et qui a été proposée par Rueda [16].

La figure 2.2 représente un exemple d'illustration des résultats donnés par la méthode d'Ostu appliquée pour différents seuils.

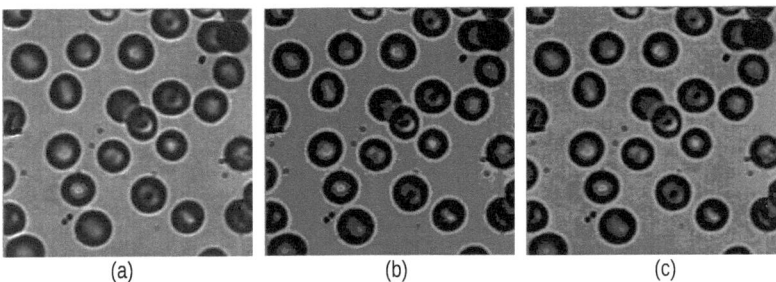

(a)　　　　　　　　　　(b)　　　　　　　　　　(c)

Figure 2. 2: Exemple de multi-seuillage d'une image microscopique. (a) Image originale, (b) Multi-seuillage avec 3 seuils (T_1=60 ; T_2=111 ; T_3=159), (c) Multi-seuillage avec 5 seuils (T_1=48 ; T_2=79 ; T_3=114 ; T_4=140 ; T_5=166)

1.2. Le seuillage

La méthode de segmentation par contours, appelée aussi edge-based segmentation, s'appuie sur la discontinuité des images afin de déterminer les limites des régions. En effet, il existe toujours une transition détectable de l'information "niveaux de gris des pixels formant l'image entière" entre deux régions connexes. Donc, la segmentation de cette image revient à détecter cette variation de niveau de gris en chaque pixel. Plusieurs chercheurs ont développé leurs travaux de segmentation d'images en utilisant cette méthode. Plusieurs classes ont été citées dans la littérature. Elles peuvent être divisées en trois classes principales : classe des méthodes analytiques, classe des méthodes dérivatives et classe des méthodes déformables.

1.2.1. Approches dérivatives et analytiques

Les méthodes dérivatives et analytiques font partie des méthodes basées contour. Il est donc évident de chercher la détection des ruptures dans une image ou dans un volume pour le cas des surfaces 3D. Ces contours seront déterminés par un gradient localement maximum ou une dérivée seconde nulle. Parmi les principaux algorithmes connus, on peut citer les filtres de Sobel [17], de Perwitt [18], de Roberts [19] pour le gradient et le Laplacien [20] pour les dérivées secondes. De mêmes, on trouve plusieurs autres algorithmes analytiques tels que les filtres de Canny [21], de Dériche, de Kirsh...

Autre opérateur plus récent est celui de Hermite, appelé le filtre d'analyse de la transformée de Hermite, basé sur la transformée polynomiale. Il est introduit par Jean-Bernad Martens [22]. Cet opérateur présente l'avantage de former une base orthogonale et d'avoir un meilleur appariement. Dans ces travaux de recherche, Yang et al. [23] utilisent le filtre de Hermite pour la segmentation d'images IRM. Le filtre de Hermite a été utilisé pour calculer les coefficients différentiels dans le cadre de l'évolution de l'interface de Level Set. Egalement, on trouve l'opérateur de Marr-Hildreth [24] qui fournit des contours fermés. Il a été utilisé par Stattuck dans ces travaux de recherche [25].

Plusieurs autres opérateurs ont été introduits dans la littérature. Machado et al. [26] ont utilisé une approche dérivative pour le prétraitement de l'image avant l'opération de segmentation.

La figure 2.3 représente le résultat de segmentation appliqué sur une image IRM cérébrale pondérée en T_1 par le filtre de Canny.

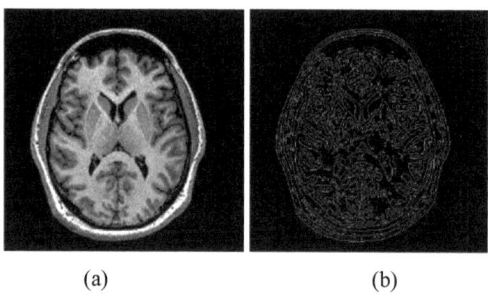

(a)   (b)

Figure 2. 3 : Résultat de segmentation. (a) Image originale, (b) Segmentation par l'opérateur de Canny

Les méthodes dérivatives sont très peu employées pour segmenter les images IRM. Elles sont très sensibles aux bruits. Ces méthodes sont efficaces pour les images présentant un contraste entre les structures recherchées, ce qui n'est pas le cas pour les transitions matière blanche-matière grise ou aussi au niveau du liquide céphalo-rachidien. Le seul avantage majeur de ces méthodes de seuillage est la rapidité.

1.2.2. Approches déformables

Les approches de segmentation déformables sont basées essentiellement sur les méthodes de contours actifs introduites par Micheal Kass, Andrew Witkin et Dimitri Terzopoulos en 1988 [27]. Les contours actifs prennent la forme d'une courbe ouverte et aussi d'un contour ou surface fermée, c'est l'avantage par rapport aux méthodes dérivatives. Le principe de base de ces approches se repose sur l'évolution d'un objet de sa position initiale vers celle d'équilibre tout en minimisant, à chaque itération, la fonction d'énergie reflétant le meilleur rapport entre les contraintes de contour et les caractéristiques de l'image. Cette fonction d'énergie permet d'assurer la régularisation des forces externes et internes et des informations a priori sur la forme de l'objet à détecter.

Dans la littérature, ces approches permettent une segmentation locale et non globale des images. C'est-à-dire, pour les images IRM, elles sont généralement dédiées à la segmentation d'une structure particulière et non pas à l'ensemble des principales structures de l'image IRM. Dans leurs travaux, Wu et al. [28] proposent une méthode automatique de segmentation de ventricule gauche infractus à l'aide de la méthode de contour actif. La méthode se fonde sur un modèle de convolution de la courbe de transfert de dégradé où une force externe de GVC est présentée. Une énergie à base de cercle est incorporée dans le modèle GVC pour extraire l'endocarde.

Avec cette contrainte, à priori, le model GVC peut conquérir le minimum local inattendu découlant des artefacts et des muscles papillaires. Après la détection de l'endocarde, la courbe de frontières, autour et à l'intérieur de l'endocarde, est mise à zéro. Cette courbe de frontière modifiée est utilisée pour générer une nouvelle force GVC, qui pousse automatiquement le contour à l'épicarde en utilisant ce résultat de l'endocarde comme condition initiale. Entre temps, une nouvelle énergie basée sur la similitude de forme est proposée afin d'éviter le contour d'être attaché à bords défectueux et à préserver les frontières faibles. La méthode, testée sur (MICCAI 2009) [29] la base de données publique, a démontré des performances qualitatives et quantitatives.

Dans la même problématique, Beitone et al. [30] proposent une méthode de segmentation du ventricule gauche en IRM par le modèle déformable implicite : le « Level Set » à l'aide d'un cadre variationnel. Pour éviter toute intervention humaine, ils présentent une méthode d'initialisation fondée sur une transformée de Hough exploitant les informations spatio-temporelles du VG. La méthode des surfaces de niveau ou « level set » a été présentée pour la première fois par Sethian et Osher dans les années 1988 [31]. Elle a été, ensuite, raffinée pour faire l'objet de plusieurs ouvrages dans le domaine de l'imagerie IRM [32, 33].

Les méthodes de segmentation basées sur l'approche déformable sont efficaces pour les structures anatomiques particulières (Local et non pas globale). Vu leur enrichissement en termes de contraintes de déformation, ces méthodes ont l'avantage de s'adapter à la forme complexe des structures. Leur inconvénient majeur réside dans le fait qu'elles sont sensibles à l'initialisation (problème des minima locaux). Pour faire face à ce problème, les chercheurs ont introduit des procédures d'initialisation automatique comme dans le travail de Beitone et al. [30].

1.3. La segmentation par régions

La méthode de segmentation d'image par régions consiste à partitionner l'image en régions en se basant sur la similitude des points connexes ayant des critères d'homogénéités ou de similarités tels que le niveau de gris, la couleur, la texture, etc....

Cette méthode tend à segmenter l'image en se basant sur les propriétés intrinsèques des régions, le processus de regroupement est toujours actif tant qu'il y a des pixels n'appartenant pas à des régions. Le critère d'arrêt est, donc, l'inclusion de tous les pixels dans des régions. Dans la littérature, plusieurs algorithmes qui appartiennent à cette technique et qui manipulent directement des régions ont été développés. Dans ce cadre, on cite :

- Les algorithmes de type croissance des régions ;
- Les algorithmes de type division des régions ;
- Les algorithmes de type fusion des régions ;
- Les algorithmes de type division/fusion des régions.

1.3.1. Les algorithmes de type croissance des régions

Ce type d'algorithmes part d'un ensemble de petites régions uniformes. Cet ensemble est déterminé par des points de départ calculés automatiquement (minima ou maxima de l'image) ou fournis par l'utilisateur. Ensuite, il s'agit de faire accroître, suivant un critère bien déterminé, ces régions par agglomérations des pixels similaires voisins.

Les premiers algorithmes, de ce type, développés sont les algorithmes de segmentation par ligne de partage des eaux. Dans leurs travaux, pour réussir la segmentation d'images basée sur l'algorithme de segmentation par ligne de partage des eaux, Belaid et al. [34] ont utilisé le gradient topologique dans le cadre de la morphologie mathématique. Récemment, un algorithme plus connu et plus utilisé a été développé : c'est l'algorithme de croissance de région (Region Growing en anglais). Preetha et al. [35] ont utilisé cet algorithme de croissance de région ensemencé pour la segmentation d'image couleur.

1.3.2. Les algorithmes de type division des régions

Pour ce type d'algorithmes le point de départ est l'image entière en la subdivisant récursivement en des régions plus petites. L'algorithme se répète jusqu'à ce que toutes les régions soient homogènes et que la segmentation se déroule dans de bonnes conditions. Parfois, en raison de la taille des régions atteinte qui est trop petite, il est impossible d'aller plus loin avec comme conséquence l'arrêt de l'algorithme.

Ce type d'algorithmes reste très peu utilisé dans la littérature [36] en raison de la rigidité du découpage carré que ces algorithmes l'imposent.

1.3.3. Les algorithmes de type fusion des régions

Contrairement aux algorithmes de type division, ceux de type fusion des régions ont tendance à regrouper les éléments de base d'une image, qui sont les pixels, en des éléments plus importants formant ainsi des régions. Le critère d'homogénéité locale permet de déterminer la similarité entre deux régions adjacentes. Ce critère est à la base de la décision de fusion des ces régions. Ce type d'algorithme est limité dans leur capacité à segmenter la large gamme d'objets hétérogènes [37].

1.3.4. Les algorithmes de type division/fusion des régions

Ces algorithmes, comme leur nom l'indique, résultent de l'hybridation des deux méthodes précédemment présentées. Ils commencent par une décomposition automatique de l'image en petites régions, qui seront par la suite fusionnées selon des critères bien déterminés. L'algorithme est plus connu avec sa nomination anglaise « split & merge ». Chaque partition initiale (Split) est obtenue en divisant récursivement l'image en des régions de tailles identiques selon certaines caractéristiques telles que la surface, l'intensité lumineuse, la texture, etc ... La phase de fusionnement (Merge) de deux régions se base sur le critère de similarité des niveaux de gris et d'adjacence de régions. Cet algorithme est largement utilisé dans la littérature [38, 39].

1.4. La segmentation par optimisation

Les problèmes d'optimisation sont rencontrés quand il est impossible de suivre une résolution de manière exacte dans un temps raisonnable. Ce temps de calcul long peut être dû à des contraintes liées aux capacités de calcul des machines ou aux nombres de paramètres utilisés pour résoudre ce problème, et surtout lorsqu'on traite des problèmes réels tels que le problème de voyageur de commerce [40]. Dans le même sens, les problèmes réels doivent se résoudre en tenant compte de la durée de temps d'exécution avec la qualité de solution. Les méthodes de segmentation par optimisation sont généralement inspirées de la nature et des phénomènes naturels : physique (recuit simulé, recuit microcanonique) [41, 42], biologique (algorithmes évolutionnaires) [43], ou éthologique (les colonies de fourmis, les essaims de particules) [44, 45]. Il est nécessaire et important d'imiter et de s'appuyer sur les concepts des animaux pour pouvoir résoudre un problème. Durant les dizaines dernières années, les métaheuristiques sont les algorithmes les plus développés dans le domaine de l'intelligence artificielle dans plusieurs applications à savoir la robotique, l'industrie de l'automobile et l'imagerie médicale.

Ce travail de thèse porte, dans un premier temps, sur la segmentation d'images médicales à base des métaheuristiques. Puis, dans un deuxième temps, nous essayons de proposer des architectures en vue de l'implémenter sur FPGA et donc essayer de faire face aux contraintes temps réels posées. Il est donc indispensable de traiter cette opération par des méthodes de segmentation par optimisation. De ce fait, nous trouvons obligatoire, dans la deuxième partie de ce premier chapitre, de présenter la résolution de problème d'optimisation en se basant sur les algorithmes métaheuristiques.

2. Optimisation et segmentation d'images

La caractérisation des images médicales se fait pratiquement par la segmentation, la reconnaissance et la classification. Dans cette partie, on se concentre sur l'étude de la segmentation. La segmentation est l'étape la plus critique. En effet, la qualité du résultat obtenu influe sur les étapes effectuées ultérieurement. La segmentation a pour but de séparer les régions d'intérêt du fond. Les chercheurs visent toujours à avoir une meilleure qualité de segmentation et, donc, avoir le seuil optimal avec lequel ils peuvent extraire les parties de l'image que les intéressent.

Il est donc clair que notre problème est principalement l'optimisation. En effet, l'optimisation est une branche mathématique permettant de rechercher et de déterminer numériquement ou analytiquement le meilleur élément et l'extraire à partir d'un ensemble.

Un problème d'optimisation est défini sur une dimension n, c'est le nombre de variables, par une fonction objectif « f » donnée par l'équation (2.3) suivante :

$$f(x) = f(x_1, x_2, ..., x_n) \qquad (2.3)$$

avec $x = \{x_1, x_2, ..., x_n\} \in \mathbf{R}^n$

Pour résoudre le problème d'optimisation, il suffit de trouver la meilleure solution en minimisant ou maximisant la fonction objectif « f » et en respectant des contraintes initialement définies par l'utilisateur. Ces contraintes sont données par l'équation (2.4) :

$$\begin{array}{ll} G_i(x) = 0 & ; i = 1, ..., m \\ H_j \leq 0 & ; j = 1, ..., n \end{array} \qquad (2.4)$$

Les fonctions G_i et H_j représentent, respectivement, les contraintes d'égalité et d'inégalité du problème.

Cette fonction objectif, selon le nombre de paramètres à optimiser, peut être de type mono-objectif ou multi-objectif.

2.1. Problème d'optimisation mono-objectif

Pour le problème d'optimisation mono-objectif, le but est de déterminer une unique solution $\vec{x}$ offrant la meilleure qualité pour la fonction objectif $f(\vec{x})$. Dans le cas de notre travail de thèse, notre problème est de déterminer le seuil optimal pour la segmentation binaire (bi-niveaux) des images médicales.

2.2. Problème d'optimisation multi-objectif

Cette optimisation permet de satisfaire les conditions des problèmes à plusieurs critères contradictoires. Ce type d'optimisation cherche à satisfaire plusieurs objectifs simultanément. Dans ce cas, donc, on ne cherche plus une seule solution globale, mais plutôt un ensemble de solution formant la surface de bon compromis entre les différents objectifs. Il existe plusieurs approches de résolution de ce type de problème, on cite l'approche agrégative, l'approche non-agrégative et l'approche « Pareto ». La segmentation multi niveaux (multi segmentation) est un bon exemple de problème d'optimisation multi-objectif qui fait partie de notre travail.

Le choix de la méthode convenable pour la résolution du problème et l'efficacité des algorithmes appliqués sont tous les deux des paramètres déterminants dans la qualité des résultats et dans le temps d'exécution. Pour ce faire, on va illustrer une étude bibliographique des méthodes utilisées et sophistiquées pour la résolution de ce type de problème d'optimisation.

3. Optimisation à l'aide des algorithmes évolutionnaires (EA)

Le terme métaheuristique a été inventé, pour la première fois, dans le domaine de l'optimisation par Fred Glover en 1986 [46] lors de son exposition qui concerne la recherche tabou. Les métaheuristiques proposent une famille des algorithmes d'optimisation stochastiques pour les problèmes difficiles, en déterminant un optimum en un temps rédhibitoire avec une valeur exacte et certaine.

Dans ce travail de thèse, on traite des problèmes d'optimisation difficiles à variables discrètes qui consistent à trouver une solution raisonnable et optimale dans un espace de recherche discret. Le premier exemple à traiter et à expliquer est inspiré du processus naturel qui relève de la biologie de l'évolution : c'est la technique des algorithmes évolutionnaires (Evolutionary Algorithm (EA)).

3.1. Principe

Fraser [47] est le premier chercheur qui a évoqué la résolution des problèmes d'optimisation en se basant sur les algorithmes évolutionnaires. Ces algorithmes se reposent sur la théorie Darwinienne : les individus qui héritent des caractères permettant l'adaptation à leur milieu environnemental survécus plus longtemps et se reproduisent, contrairement aux plus faibles qui ont la tendance à disparaître.

Vers la fin des années 1960 et le début des années 1970, avec l'apparition des calculateurs et des premiers microprocesseurs 4 bits de chez INTEL, de nombreuses tentatives de modélisation et d'approches ont émergées. On ne s'intéresse qu'aux approches qui étudient des variables discrètes :

> Les algorithmes génétiques développés par Holland en 1975 [48], utilisés pour la résolution des problèmes d'optimisation à variables discontinues. La modélisation concerne l'évolution génétique
> La programmation génétique, initialement étudiée par Koza en 1989 [49] et puis en 1990 [50], basée sur les algorithmes génétiques. Ces algorithmes utilisent les chromosomes, appelés aussi individus, sous forme des programmes informatiques. Ils sont représentés en utilisant une structure d'arbre.

Les métaheuristiques basées sur la technique des algorithmes évolutionnaires sont caractérisées par un modèle qui peut être expliqué par l'organigramme ci-dessous, figure 2.4 :

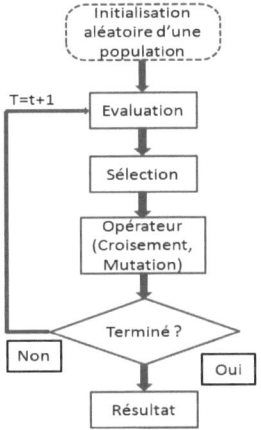

Figure 2. 4: Organigramme d'un algorithme évolutionnaire

L'organigramme commence par la simulation de l'évolution d'une population constituée par un ensemble d'individus initialement tirés d'une manière aléatoire. Cette population est soumise à une sélection à chaque itération, appelée aussi génération. Différents opérateurs (Sélection, Croisement, Mutation) sont appliqués, pendant chaque génération, pour créer la population de la génération suivante. Chaque opérateur utilise un nombre nécessaire d'individus parents pour engendrer à la fin de nouveaux individus enfants. Ensuite, une sélection d'enfants est effectuée pour remplacer le nombre d'individus initialement choisi de la population. Si cette sélection s'opère à partir de la fonction d'adaptation, alors la population tend à s'améliorer [51]. Si non, la boucle s'arrête et on aura le résultat. On peut représenter l'organigramme déjà expliqué ci-dessus par l'algorithme évolutionnaire donné dans le tableau 2.1 :

Tableau 2. 1: Algorithme évolutionnaire (EA)

Algorithme évolutionnaire
1 **Initialisation** de la population de *m* individus
2 **Evaluation** des *m* individus
3 **tant que** le critère d'arrêt n'est pas satisfait **faire**
4   **Sélection** de *k* individus en vue de la phase de reproduction
5   **Croisement** des *k* individus sélectionnés
6   **Mutation** des *q* enfants obtenus
7   **Evaluation** des *q* enfants obtenus
8   **Sélection** pour le remplacement
9 **fin**

Il est clair, d'après le tableau 2.1, que l'algorithme évolutionnaire dispose de trois opérateurs principaux :

    ✥ Un opérateur de sélection : Il permet de déterminer les meilleurs individus d'une population et de rejeter les mauvais.

    ✥ Un opérateur de croisement : Il est utilisé pour la création des enfants en échangeant les gènes des différents parents. On donne, dans la figure 2.5, un exemple de croisement des individus codés dans la base binaire des couleurs (noir et blanc) :

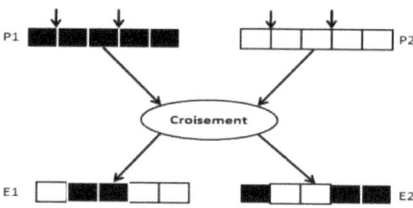

Figure 2. 5: Exemple d'opérateur de croisement

    ✥ Un Opérateur de mutation : Il consiste à remplacer aléatoirement une composante de l'individu parent par une autre valeur aléatoire. Ceci permet de garder un caractère aléatoire lors de la création des descendants et donc maintenir la diversité dans la population. On applique l'opération de mutation sur le même exemple, pris précédemment, dans la figure 2.6 :

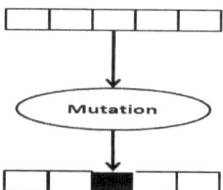

Figure 2. 6: Exemple d'opérateur de mutation

3.2. Les algorithmes génétiques (GA)

Les algorithmes génétiques ou « Genetic Algorithms (GA) » sont des métaheuristiques appartenant à la classe des algorithmes évolutionnaires. Ce sont inspirés de l'analogie résidant entre les processus d'optimisation, d'une part, et de l'évolution des êtres vivants, d'autre part.

Cette technique d'optimisation date de l'année 1975. C'était Holland [48] qui les a exploitées pour résoudre des problèmes artificiels d'optimisation. Ensuite, Goldberg [52] en 1989, Holland [53] en 1992, Man et al. [54] en 1996, Schmitt [55] et Petrowski [56] en 2001 ont, également, travaillé sur cette technique d'optimisation. Par la suite, cette technique a été utilisée dans plusieurs domaines tels que la segmentation d'images qui a été transformée en un problème d'optimisation traité dans plusieurs travaux de recherche [57, 58, 59, 60, 61].

Pour un algorithme génétique, une population est constituée de N individus. Chaque individu est représenté par un ensemble de chromosomes qui eux mêmes constitués de groupes de gènes contenant les caractères héréditaires de l'individu. Un chromosome est, en fait, une suite de gènes et le nombre de gènes est égal aux variables à optimiser. Chaque valeur, appelée aussi allèle, est donnée par l'utilisateur. La figure 2.7 représente les niveaux d'organisation d'un algorithme génétique.

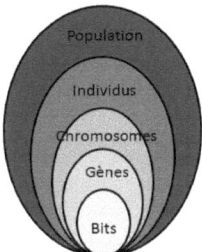

Figure 2. 7: Structure d'un algorithme génétique

Les individus, dans un algorithme génétique, sont représentés en se basant sur le codage binaire de l'information. L'inconvénient majeur de cette technique réside dans les nombreuses façons existantes pour coder l'information, et par la suite le choix optimal serait difficile à le trouver. Donc, une recherche efficace est indispensable par les opérateurs de sélection, de croisement et de mutation appliqués aux chromosomes. Dans le cas des algorithmes génétiques, un quatrième opérateur est utilisé, appelé opérateur d'élitisme. Il consiste à conserver au moins un individu, de la génération précédente, pour la génération suivante. La quantification de la qualité de la solution pour chaque chromosome est déterminée via sa propre fitness, c'est la fonction à optimiser. Elle retourne une valeur réelle d'évaluation de l'individu. Elle associe à l'individu, pris en argument, un coût de performance. La fonction d'évaluation réalise implicitement une sélection guidée vers l'optimum et l'efficacité d'un algorithme génétique dépend en grande part de la qualité de cette fonction.

Les algorithmes génétiques gardent toujours la même taille des individus, qui sont en fait un ensemble de chromosomes, des solutions potentielles. Initialement, la population est choisie aléatoirement, sauf pour des applications particulières comme celle de Bhanu et al. [62]. Finalement, pour réussir l'application d'un algorithme génétique à un problème pratique, il est nécessaire de vérifier l'existence de ces composantes :

- Les solutions du problème doivent être représentées sous forme d'un chromosome ;
- Chaque individu doit être évalué en termes de fitness par une fonction d'évaluation ;
- La population des solutions candidates doit être initialisée ;
- Les valeurs des paramètres de l'algorithme génétique doivent être utilisées ;
- Les nouveaux individus se produisent par les opérateurs génétiques ;
- Un critère d'arrêt pour l'algorithme doit se vérifier.

On donne dans le tableau 2.2, les différentes étapes de base d'un algorithme génétique, avec, P(t) représente une population de chromosomes à l'itération « t ».

Tableau 2. 2: Principe d'un Algorithme Génétique (GA)

Algorithme génétique
1. **Initialisation** de $P(t)$
2. **Evaluation** de chaque individu de $P(t)$
3. **Tant que** le critère d'arrêt n'est pas satisfait **Fair**
3.1. $t = t + 1$
3.2. **Sélectionner** $P(t+1)$ de $P(t)$
3.3. **Croisement** $P(t+1)$
3.4. **Muter** $P(t+1)$
3.5. **Evaluer** $P(t+1)$
Fin tant que
4. **Afficher** le meilleur état rencontré au cours de la recherche

3.3. Algorithmes génétiques et segmentation d'images

Bhandarkar et al. [63, 64] ont étudié le problème d'optimisation d'une fonction objectif de coût en utilisant les algorithmes génétiques pour la détection de contours, c'est-à-dire la segmentation basée contours. Cette fonction à été, initialement, proposée par Tan et al. [65, 66]. Ils ont utilisé les valeurs des niveaux de gris des régions et les informations des contours. Ils ont surmonté les imperfections des techniques de Gonzalez [67] en incluant la plupart des types de contours dans une définition plus générale. Egalement, Bhanu et al. [68, 69] sont parvenus à construire un système de segmentation des séquences en couleur permettant l'optimisation de la segmentation, par un algorithme génétique, de chacune des images présentées. Chun et al. [70] ont utilisé la segmentation basée région et non pas contour. Dans ses travaux, un algorithme de clustering est, initialement, appliqué pour partitionner l'image en un grand nombre de régions de tailles réduites. Puis, un algorithme génétique est appliqué pour améliorer cette segmentation basée sur la simulation des opérations de fusion et de division des régions obtenues.

D'autres chercheurs ont utilisé les algorithmes génétiques comme des outils d'hybridation pour d'autres techniques à savoir les réseaux de neurones pour la segmentation des images. Dokur et al. [71] ont proposé un réseau de neurones quantifié QNN pour la segmentation d'images IRM et topographiques CT. Les algorithmes génétiques ont été utilisés pour trouver les valeurs optimales des paramètres des nœuds de ces réseaux QNN. D'autres comme Matsui et al. [72, 73] ont adapté les réseaux de neurones classificateurs pour la segmentation des images en utilisant les algorithmes génétiques comme outils de sélection des paramètres.

3.4. Avantages et inconvénients des algorithmes évolutionnaires

Les algorithmes évolutionnaires se basent sur la sélection naturelle. Cela permet aux espèces une adaptation propre aux changements dans leur environnement. C'est le majeur avantage qu'apporte cette technique d'optimisation pour les problèmes d'optimisation dynamique tels que la segmentation d'images. En effet, la fonction objectif subit plusieurs changements ce qui nécessite une adaptation pour retrouver en un temps très court l'optimum global recherché. Il est très reconnu que les algorithmes évolutionnaires ont pour objectif de retrouver l'optimum global en négligeant les optima locaux. Ceci est considéré comme un point faible de cette technique, vu que l'un de ces optima peut évoluer et devenir le nouvel optimum global après une application de l'un des opérateurs.

4. Optimisation à l'aide des algorithmes de colonies de fourmis (ACO)

Les algorithmes de colonies de fourmis (Ant Colony Optimization ACO) constituent une famille de métaheuristiques inspirées de la nature qui utilise l'intelligence en essaim. Le comportement des fourmis pendant leurs recherches de la nourriture a été étudié et appliqué pour résoudre des problèmes d'optimisation complexes. D'une manière très simple, les fourmis commencent initialement par se déplacer au hasard.

Une fois la nourriture a été trouvée, les fourmis rejoignent de nouveau leur colonie en déposant dans leur chemin une substance chimique appelée phéromone [74] (voir figure 2.8) :

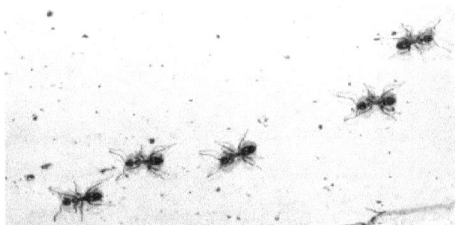

Figure 2. 8: Des fourmis qui suivent un chemin de phéromone [75]

Les autres fourmis qui rencontrent ce même chemin ont de fortes chances qu'elles arrêtent leurs déplacements aléatoires pour suivre le chemin marqué par la substance, c'est ce qu'on appelle le phénomène de communication stigmergie. Bien sûr, si le chemin mène bien vers de la nourriture, les fourmis marquent le chemin à leur retour.

On remarque clairement, qu'après un certain temps de recherche, il y aura l'existence de plusieurs chemins qui mènent vers la nourriture. Le chemin le plus court sera davantage parcouru sans que les individus aient une vision globale du trajet [76, 77], c'est ce qu'on appelle la rétroaction positive (positive feedback). Il sera donc plus renforcé et plus attractif et les chemins les plus longs finissent par disparaître, c'est l'évaporation. Finalement, toutes les fourmis vont suivre le chemin le plus court.

Dans la figure 2.9, un obstacle à été placé entre le nid et la nourriture. Les fourmis, après exploration du trajet, finiront par emprunter le plus court chemin : C'est le travail de Goss et al. [76].

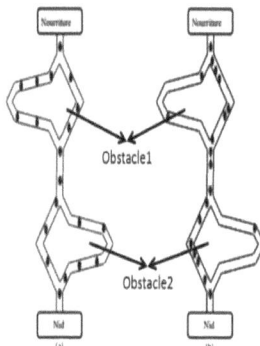

Figure 2. 9: Sélection du chemin le plus court par les fourmis, (a) début de l'expérience, (b) fin de l'expérience [75]

Les fourmis, qui ont parcouru le plus court chemin, retournent plus rapidement vers leur nid. Il en découle que la quantité de phéromones marquée par unité de temps sur ce chemin est plus importante que sur les autres. Puisque une telle fourmi a la tendance de suivre un endroit là où le taux de phéromones est plus important, il en résulte que le plus court chemin sera avec une probabilité plus grande d'être parcouru par les fourmis que les autres.

4.1. Principe

Coloni et al. [78] ainsi que Dorigo et al. [79] ont été les premiers chercheurs qui ont implémenté un algorithme inspiré de l'analogie des ACO pour résoudre le problème du voyageur du commerce. Ils supposent que toute paire de ville V_i et V_j du graphe G possède un poids de connexion relié à l'arête du couple (V_i, V_j), une concentration de phéromone $\tau_{i \to j}$ et des informations heuristiques $\eta_{i \to j}$ sur l'arête du couple (V_i, V_j). Chaque fourmi f_k existe initialement en temps t sur la ville V_i, choisira d'emprunter le chemin vers la ville V_j avec la probabilité :

$$p_{i \to j}^{f_k}(t) = \begin{cases} \dfrac{\tau_{i \to j}^{\alpha}(t) \times \eta_{i \to j}^{\beta}(t)}{\sum_{k \in C(f_k)} \tau_{i \to j}^{\alpha}(t) \times \eta_{i \to j}^{\beta}(t)} & \text{Si } j \in C(f_k) \\ 0 & \text{Sinon} \end{cases} \quad (2.5)$$

où α et β sont des constantes dans [0, 1] qui déterminent, respectivement, le poids accordé à la concentration de phéromones et aux informations heuristiques, et $C(f_k)$ est l'ensemble des sommets autorisés à être visités selon les contraintes du problème. Une fois la destination est choisie, chaque fourmi f_k dépose sur l'arête de chemin une quantité de phéromone $\Delta\tau_{i\to j}^{f_k}(t)$, après un tour complet, définie comme suit :

$$\Delta\tau_{i\to j}^{f_k}(t) = \frac{Q}{L_{f_k}} \qquad (2.6)$$

où Q est une constante positive et L_{f_k} est le coût de la voie utilisée par la fourmi f_k. Finalement, le processus d'évaporation des phéromones qui rentre en jeu pour éviter de rester piégé dans des optima locaux. La mise à jour à suivre est la suivante :

$$\tau_{i\to j}^{f_k}(t) = (1-\rho) \times \tau_{i\to j}^{f_k}(t) + \sum_{f_k=1}^{f_{k=N}} \Delta\tau_{i\to j}^{f_k}(t) \qquad (2.7)$$

où ρ est un facteur d'évaporation dans [0, 1]. L'évaporation renforce le poids des phéromones les plus récentes. Les anciennes concentrations qui correspondent aux solutions indésirables seront de plus en plus oubliées. Le tableau 2.3 regroupe la description globale appliquée lors de la simulation du programme ACO :

Tableau 2.3: Principe d'un Algorithme de colonie de fourmi (ACO)

Algorithme de colonie de fourmi (ACO)
Entrées: G : Graphe, V_1 : ville source, V_2 : ville destination, F: Liste de fourmis, C: Critère de terminaison. **Sorties**: S : Solution optimale. 1: Placer les fourmis F sur V_1. 2: t ← 0 3: **TantQue** C non satisfait **Faire** 4:   t ← t + 1 5:   **Pour** Chaque fourmi f_k de F **Faire** 6:   Se déplacer selon l'équation 1.4. 7:   Ajout de phéromones selon l'équation 1.5. 8:   **Fin Pour** 9:   Mettre à jour les phéromones selon l'équation 1.6. 10: **Fin TantQue** 11: S = ExtraireSolution(G)

4.2. Algorithmes de colonies de fourmis et segmentation d'images

L'algorithme de colonies de fourmis a été utilisé, principalement, pour produire des solutions quasi-optimales au problème du voyageur de commerce. Puis, plus généralement, aux problèmes d'optimisation combinatoire.

Ensuite, son emploi s'est généralisé à plusieurs domaines tels que le traitement d'images et, plus précisément, la segmentation d'images [80, 81, 82, 83, 84, 85]. De même, l'algorithme ACO a été utilisé pour segmenter des images IRM [86] et des images IRM bruitées [87]. De nos jours et avec le développement des FPGAs, la tendance est, donc, de pouvoir implémenter l'algorithme de colonies de fourmis pour des applications de segmentation d'images sur FPGA [88].

Exactement comme les algorithmes évolutionnaires, les algorithmes de colonies de fourmis ont été utilisés pour des variantes d'hybridation entre l'ACO et le Clustering. La segmentation d'images basée sur ACO-Clustering à été introduite, pour la première fois, par Deneubourg et al. [89]. Ensuite, plusieurs travaux ont été développés dans ce même contexte [90, 91].

4.3. Avantages et inconvénients

La technique intelligente d'optimisation par colonies de fourmis est basée sur le dépôt et l'évaporation d'emprunte de substance chimique (phéromone). Cela permet aux fourmis de retrouver le plus court chemin même dans le cas d'apparition des obstacles. Par analogie et dans le cas général, l'apparition d'obstacle est équivalente à un changement qui peut parvenir dans un problème d'optimisation dynamique. Ainsi, on constate que cette technique d'ACO est bien adaptée à l'optimisation dynamique. De même, l'utilisation de l'évaporation engendre la perte d'un ou plusieurs agents sans mettre en cause le processus général et donc une fiabilité du système dans son ensemble.

Par contre, cela nécessite l'utilisation d'un très grand nombre d'agents ce qui risque d'avoir des conflits et, par conséquent, une convergence lente de ces types d'algorithmes avec comme résultat un temps de calcul assez important. De même, les ACO nécessitent une hybridation avec une recherche locale pour améliorer la précision des solutions trouvées.

5. Optimisation à l'aide des algorithmes Shuffled Frog Leaping Algorithm (SFLA)

L'algorithme Shuffled Frog Leaping Algorithm (SFLA) est l'algorithme le plus récent de la famille des métaheuristiques. Développé par Eusuff et Lansey en 2003 [92], SFLA est une nouvelle technique d'optimisation métaheuristique qui imite le principe de l'évolution d'un groupe de grenouilles lors de la recherche d'endroits discrets contenant autant de nourriture que possible. Cet algorithme est conçu pour résoudre les problèmes d'optimisation combinatoire [92].

L'algorithme SFLA se compose d'une population de grenouilles basé sur le principe de la recherche coopérative, inspiré de la mémétique naturelle. La population de grenouilles est partitionnée en différents mèmeplexes interagissant et échangeant de l'information entre eux. Cet algorithme contient les éléments de la recherche locale et permet l'échange global de l'information. Les grenouilles servent d'hôtes ou de porteurs de mèmes où un mème est une unité d'évolution culturelle. L'algorithme SFLA effectue, simultanément, une recherche locale indépendante dans chaque mèmeplexe. D'une part, la recherche locale est inspirée de l'algorithme d'optimisation d'essaim de particules pour l'optimisation discrète. D'autre part, la recherche globale est assurée par la redistribution et le réarrangement des grenouilles en nouvelles mèmeplexes dans une technique similaire à celle utilisée dans l'algorithme génétique [93]. En outre, vu son aspect stochastique, les grenouilles sont générées et substituées aléatoirement dans la population.

5.1. Principe

Généralement, pour la résolution des problèmes d'optimisation, chaque grenouille est considérée comme une solution différente des autres. C'est selon son adaptabilité évaluée par la fonction fitness que la meilleure solution est déterminée. Initialement, une population de taille P est générée aléatoirement. Une grenouille i est assumée à une particule et elle est représentée par :

$$X = (x_1, x_2, ... x_i, ... x_P) \qquad (2.8)$$

Ensuite, les particules sont classées dans un ordre décroissant en fonction de leur fonction fitness. Puis, l'ensemble de la population est divisée en m mèmeplexes, contenant chacun n grenouilles (P = m × n). Dans ce processus, la première particule est accordée à la première mèmeplexe, la deuxième particule est accordée à la deuxième mèmeplexe, la particule m est accordée à la m^{ème} mèmeplexe, et la grenouille m + 1 remonte à la première mèmeplexe, etc.

Au sein de chaque mèmeplexe, les particules possédant la meilleure et la pire valeur fitness sont identifiées comme X_b et X_w, respectivement. De même, la particule avec la meilleure valeur fitness est identifiée comme X_g. Ensuite, un processus est appliqué pour améliorer, seulement, la particule avec la pire valeur fitness (pas toutes les grenouilles) dans chaque cycle. Par conséquent, la position de la particule X_w est ajustée en se basant sur les deux équations 2.9 et 2.10 suivantes :

$$S = rand.(X_b - X_w) \qquad (1.9)$$

$$|X_w = X_w + S, \quad S < S_{max} \qquad (1.10)$$

S est le pas de saut de la particule avec la pire valeur fitness, le paramètre « rand » est une fonction de génération des nombres aléatoires dans l'intervalle [0, 1] et S_{max} est la distance de saut maximale.

Pour un nombre d'itérations prédéfini initialement, le processus se répète en appliquant les deux équations (2.9) et (2.10) jusqu'à obtenir une solution meilleure que X_w. Dans le cas contraire, où il est impossible, X_b sera remplacé par la meilleure valeur globale X_g et le processus sera de nouveau exécuté en remplaçant l'équation (2.10) par l'équation (2.11) suivante :

$$S = rand(X_g - X_w) \qquad (2.11)$$

S'il est encore impossible d'utiliser la valeur globale X_g, on génère une position aléatoire. Une fois terminé avec le réarrangement des particules, toutes les particules seront de nouveau triées dans le même ordre, décroissant, en se basant toujours sur la même fonction fitness. Les particules seront divisées en différents mèmeplexes de nouveau, puis on refait l'étape de réarrangement jusqu'à ce que la solution optimale prédéfinie ou un nombre d'itérations fixé soit atteint.

L'algorithme SFLA est représenté dans le tableau 2.4 ci-dessous :

Tableau 2. 4: Principe d'un Algorithme SFLA

Pseudo code de l'algorithme SFLA
1. : **Initialiser** la population *P(t)* des particules grenouilles
2. : **Evaluer** les particules de *P(t)* par la fonction fitness et les .trier dans un ordre décroissant
3. : **Diviser** la population *P(t)* en *m* memplexes dont chaque ......memplexe contient *p* grenouilles

4. : **Répéter** jusqu'au critère d'arrêt
    Pour un nombre prédéfini d'itérations
    Identifier X_b, X_w et X_g
    Améliorer la mauvaise particule X_w dans chaque memplexe
    Fin pour
    Réévaluer les particules de *P(t)* par la fonction fitness et les trier dans un ordre décroissant
    Diviser la population *P(t)* en *m* memplexes dont chaque ....memplexe contient *p* grenouilles

5. : **Afficher** la meilleure solution rencontrée au cours de la .....recherche

5.2. Algorithmes SFLA et segmentation d'images

L'algorithme SFLA récemment développé a été appliqué sur plusieurs domaines d'optimisation. Parmi les domaines d'applications où cet algorithme SFLA a démontré son efficacité et ses bonnes performances, on trouve la segmentation d'images. Dans son travail, Bhaduri [94] a utilisé l'algorithme SFLA pour segmenter des images couleurs. Egalement, dans un autre travail traitant la segmentation bi-niveaux des images médicales, un algorithme basé sur l'algorithme SFLA a été développé par Ladgham et al. [95]. De même, dans le cadre de la reconnaissance des tumeurs cérébrales, une étape de segmentation des images cérébrales est indispensable, ceci a amené les auteurs [95] de proposer une nouvelle fonction fitness pour accélérer la procédure de segmentation et pour avoir de meilleur résultat de segmentation, mais toujours en se basant sur les algorithmes SFLA.

Dans la littérature, l'algorithme SFLA a été utilisé plus fréquemment pour la segmentation multi-niveaux. Dans son travail de recherche, Horng [96] a proposé un nouvel algorithme basé sur SFLA avec maximisation d'entropie pour résoudre le problème de seuillage multi-niveaux. Egalement, plusieurs autres auteurs ont profité de la possibilité de l'hybridation avec d'autres algorithmes tels que la méthode d'Otsu [97, 98,] l'algorithme Fuzzy C-Means [99] pour réussir la segmentation bi-niveaux.

5.3. Avantages et inconvénients

L'algorithme SFLA est celui le plus récent. Il permet, donc, de proposer des solutions aux problèmes détectés par les algorithmes métaheuristiques les plus anciens, à savoir l'exploration locale et globale des solutions. De même, cet algorithme permet de combiner les avantages présentés par les algorithmes les plus populaires tels que le GA et le PSO.

Cependant, quelques lacunes limitent encore l'efficacité de l'algorithme SFLA. On note, le nombre élevé d'essais nécessaires pour déterminer le seuil optimal et donc un temps d'exécution pénible, surtout pour la segmentation multi-niveaux. Aussi, le choix critique de la fonction objectif qui doit tenir compte des paramètres du problème. Egalement, la non-sûreté de la qualité du résultat déterminé. Finalement, le problème des optima locaux présentés par l'algorithme PSO peut survenir avec l'algorithme SFLA. Ce dernier problème sera détaillé dans le deuxième chapitre.

6. Évaluation des algorithmes et mesure de performances

Les problèmes réels d'optimisation, dans la plupart des cas, admettent des fonctions objectifs gourmandes en terme de temps d'exécution. En effet, le temps de calcul est très épuisant vu les équations mathématiques et le nombre énorme des itérations à faire pour déterminer la valeur de l'optimum global recherché.

Par la suite, la qualité d'un algorithme, en ce qui concerne son effort de calcul, est déterminée par le nombre d'itérations à effectuer afin d'arriver à déterminer la valeur de l'optimum global.

Tang et al. [100], dans leur travail de recherche, ont réussi à déterminer la même valeur des trois frontières après 100 itérations en appliquant un algorithme basé sur la technique des algorithmes génétiques. Ces mêmes trois valeurs ont été déterminées après plus de 9593 en utilisant l'algorithme « roulettewheel » et moins de 100 itérations en utilisant l'algorithme « tounment selection ».

Donc, quantitativement, le temps d'exécution et la valeur de seuil à rechercher constituent les paramètres les plus importants pour valider un tel algorithme métaheuristique de segmentation d'images. Avec, toujours, la qualité visuelle qui reste, également, un paramètre très important pour toutes les applications.

7. Conclusion

Dans ce chapitre, nous nous sommes à la segmentation qui est un des points essentiels et fondamentaux de l'analyse et du traitement d'images médicales. En effet, l'analyse correcte et l'interprétation détaillée de l'image médicale fait appel à la segmentation. De ce fait, nous avons focalisé notre étude aux différentes méthodes et approches qui nous semblent très importantes et très appropriées pour la segmentation d'images très complexes. Pour chaque méthode, nous avons cité quelques exemples d'études de recherche issues de la littérature. Egalement, nous avons montré qu'il existe différents algorithmes pour effectuer la segmentation d'une image.

Dans la dernière partie de ce chapitre, nous avons présenté quelques techniques intelligentes, basées sur les métaheuristiques, permettant la résolution du problème d'optimisation dans le cas général. Pour développer, finalement, un exemple pratique d'application des métaheuristiques sur la segmentation d'images IRM, images qui nous concerne dans ces travaux de thèse.

Dans ce contexte, le prochain chapitre du présent ouvrage sera consacré à la présentation des algorithmes proposés pour la segmentation bi-niveaux d'images IRM basée PSO.

Chapitre 3 :
La segmentation des images IRM à base de PSO : Nouvel algorithme proposé

Chapitre 3

La segmentation des images IRM à base de PSO : Nouvel algorithme proposé

Introduction

La segmentation des images permet d'aboutir à des informations correspondant à des points d'intérêt ou à des zones caractéristiques de l'image. En effet, toute méthode de segmentation consiste à l'extraction d'informations caractérisant les entités de l'image à analyser. La segmentation d'images médicales aide les médecins lors de l'évaluation des lésions et donc permettrait de choisir le bon traitement. Les méthodes développées dans ce cadre, déjà présentées dans le chapitre précédent, sont nombreuses et se reposent sur plusieurs caractéristiques ; à savoir le temps d'exécution, le meilleur seuil, le coefficient Dice, la stabilité de la fonction fitness et la qualité de l'image après opération de segmentation.

Dans ce chapitre, nous allons présenter l'essentiel des méthodes de segmentation des images IRM par la technique Particle Swarm Optimization (PSO). Après une description synthétique de cette technique, nous expliquons les étapes établies pour réussir les améliorations effectuées sur cet algorithme PSO. Ensuite, Nous présentons la nouvelle fonction fitness ainsi proposée qui a permis d'aboutir à une version améliorée, appelée MPSO(Modified PSO), qui est une nouvelle version plus stable et plus efficace pour la segmentation bi-niveaux. Finalement, nous exposons les résultats expérimentaux prouvant la qualité quantitative et qualitative de cette nouvelle version développée.

1. Particle Swarm Optimization : Présentation générale

L'algorithme « Particle Swarm Optimization » ou « Optimisation par Essaim Particulaire » (OEP) constitue une partie principale de ce travail de thèse. Le développement d'un algorithme de segmentation des images médicales à base de cette technique PSO, la validation de l'algorithme développé sur Matlab, ainsi que la détermination des qualités de cet algorithme en le comparant avec d'autres travaux connus représentent l'objectif de ce chapitre.

1.1. Principe du PSO

L'algorithme PSO est une métaheuristique qui a été inventé par Kennedy et Eberhart en 1995 [101]. Cette technique s'inspire des comportements sociaux des animaux qui évoluent en groupe d'essaims, tels que les insectes, les nuées d'oiseaux et les bancs de poissons, et de leurs mouvements [102, 103].

Les individus de l'algorithme sont appelés « particules ». Par contre, chaque population est appelée essaim. De ce fait, nous pouvons dire que l'algorithme PSO est composé d'un ensemble de particules formant un essaim qui évoluent dans l'espace de recherche. Dans cet algorithme, chaque particule de l'essaim peut communiquer directement avec leurs voisines. Ceci permet d'offrir la possibilité d'échange de l'expérience et, donc, de collaborer ensemble. Celui-ci construit une solution à un problème de recherche optimal.

Dans le cas d'oiseaux, le vol en groupe représentent un bon exemple d'ensemble. Individuellement, Chaque élément du groupe ne dispose que d'une connaissance locale de sa situation dans l'essaim. Cette connaissance, appelée information locale, est limitée par la mémoire de courte durée de chaque individu. Elle n'est utilisée que pour décider de son déplacement par rapport aux autres individus de l'essaim. Cela explique bien pourquoi les individus restent proches les uns des autres. Ils se déplacent dans la même direction et volent à une même vitesse. Ceci permet à eux de maintenir une consistance, une cohérence et une cohésion de l'essaim. C'est tout cela qui permet d'observer chez ces animaux des dynamiques de déplacement assez complexes et des comportements collectifs et adaptatifs.

Dans cet algorithme, chaque particule est caractérisée par une position, qui est le vecteur solution, et par une vitesse, qui représente la nouvelle position après déplacement. Egalement, chaque particule dispose d'une mémoire permettant de stocker sa meilleure performance en termes de position et valeur. De même, cette mémoire permet à chaque particule de se souvenir de la meilleure performance atteinte par les autres particules voisines. L'imitation est, donc, l'aspect sur lequel les individus s'appuient pour réussir la recherche de la nourriture. Ils commencent à rechercher des sources de nourriture qui sont généralement dispersées aléatoirement. Une fois un individu localise une source de nourriture, tous les autres individus ne vont faire que reproduire ce qu'il a fait.

Ce comportement social basé sur l'analyse de l'environnement et du voisinage constitue alors une méthode de recherche d'optimum par l'observation des tendances des individus voisins. Chaque individu cherche à optimiser ses chances en suivant une tendance qu'il modère par ses propres vécus.

La méthode PSO ne possède pas d'opérateur d'évolution comme pour les algorithmes génétiques. C'est plutôt un essaim de particules qui est utilisé pour la recherche de l'optimum global. L'essaim représente l'ensemble des solutions potentielles à ce type de problème. PSO est une méthode de recherche qui se base sur l'observation des états des individus voisins en cherchant à optimiser ses chances par rapport à ses propres vécus. En parcourant l'espace de recherche, une particule sera influencée par trois paramètres :

> Un paramètre d'inertie : Par défaut, une particule tend à suivre sa direction courante de déplacement ;
> Un paramètre cognitif : Une particule a la tendance de se diriger vers le meilleur chemin par lequel elle est déjà passée ;
> Un paramètre social : Une particule est influencée par à l'expérience de ses congénères et tend à suivre le meilleur chemin déjà atteint par ses voisins.

Le degré d'optimisation déterminé par l'algorithme PSO est calculé par une fonction d'évaluation, appelée fonction fitness. C'est une fonction objectif ou d'aptitude définie par l'utilisateur lui-même [104, 105, 106]. Il se diffère des autres métaheuristiques de façon que les particules soient initialement réparties dans l'espace de recherche de façon aléatoire [101, 105]. Dans la figure 3.1, on illustre la stratégie de déplacement d'une particule pour arriver à comprendre le comportement de l'essaim [107, 108] :

Figure 3. 1: Différentes orientations possibles des particules

1.2. Particle Swarm Optimization : Algorithme basique

L'algorithme « PSO » Basique, appelé aussi Conventionnel, est celui proposé par Kennedy et Eberhart [101] en 1995. Chaque particule est modélisée par sa position dans l'espace de recherche et par sa vitesse. Après un certain temps t, toutes les particules de l'essaim vont ajustées leurs positions et par la suite leurs vitesses. La détermination de la nouvelle position d'une particule, comme l'indique la figure 3.1, se fait par rapport à sa meilleure position (1), à la meilleure position dans l'essaim (2) et à la position accessible avec la vitesse actuelle (3).

Etant donné un espace de recherche à M dimensions, le vecteur position et le vecteur vitesse de la $i^{ème}$ particule sont définis respectivement par $X_i(x_{i1},...,x_{iM})$ et $V_i(v_{i1},...,v_{iM})$. Toute particule sauvegarde dans sa mémoire la meilleure position, notée $P_i(p_{i1},...,p_{iM})$, par laquelle elle est déjà passée et la meilleure position empruntée par ses particules voisines, notée $P_g(p_{g1},...,p_{gM})$.

La mise à jour de la vitesse de chaque particule est déterminée par l'équation (3.1) de Clerc et al. [98] :

$$v_{im}^{k+1} = w^k v_{im}^k + c_1 \times rand1() \times (p_{im} - x_{im}^k) + c_2 \times rand2() \times (p_{gm} - x_{im}^k) \qquad (3.1)$$

où $1 \leq m \leq M$; c_1 et c_2 sont deux constantes positives appelées coefficients d'accélération ; et $rand1()$ et $rand2()$ sont deux nombres aléatoires appartement à l'intervalle [0, 1] ; w^k est une constante positive appelée coefficient d'inertie et déterminée par l'équation (3.2) suivante :

$$w^k = w_{max} - k \times (w_{max} - w_{min}) / k_{max} \qquad (3.2)$$

On peut remarquer clairement que les vecteurs $V_i (v_{i1},...,v_{iM})$ ne sont pas homogènes à des vitesses. Ce sont, donc, des termes abusifs utilisés par les auteurs afin de garder l'analogie avec le monde animal. Réellement, ces vecteurs sont utilisés pour déterminer la nouvelle position vers laquelle se déplace la particule en quittant sa première position. Cette nouvelle position est déterminée par l'équation (3.3) :

$$x_{im}^{k+1} = x_{im}^k + v_{im}^k \qquad (3.3)$$

Dans l'équation (3.1), v_{im}^k correspond à la composante d'inertie qui concerne le déplacement de la particule. L'expression $c_1 \times rand1() \times (p_{im} - x_{im}^k)$ décrit la composante cognitive du déplacement et le paramètre c_1 permet le contrôle du comportement cognitif de la particule. L'expression $c_2 \times rand2() \times (p_{gm} - x_{im}^k)$ décrit la composante sociale du déplacement qui est contrôlée par le paramètre c_2. Finalement, le w^k est un paramètre qui permet de contrôler l'influence de la direction du déplacement sur celui déterminé au futur.

Cette modélisation mathématique a permis de déterminer l'algorithme basé PSO donné dans le tableau 3.1 suivant :

Tableau 3. 1: Principe de l'algorithme PSO

Algorithme PSO
1. **Initialisation** aléatoire des vecteurs positions et vitesses de chaque particule
2. **Evaluation** des positions des particules en utilisant la fonction fitness
3. **Pour** chaque particule i : $p_i = x_i$
4. **Calculer** les g_i
5 tant que le critère d'arrêt n'est pas satisfait faire
6   Déplacer les particules selon les équations (3.1) et (3.3)
7   Evaluer les positions des particules
8   Mettre à jour p_i et g_i
9 fin

2. Amélioration du PSO

Dans le but d'améliorer le rendement et de s'opposer à des inconvénients limitant ses performances, la technique métaheuristique basée PSO a subit plusieurs évolutions. Ces évolutions se résument, essentiellement, en deux principales interventions : soit en modifiant les équations de position et de vitesse, soit en améliorant l'équation fitness.

Dans cette partie, on s'intéresse essentiellement à l'évolution de l'algorithme Particle Swarm Optimization en modifiant les équations du vecteur position et du vecteur vitesse. A chaque fois, on cite les apports de ces modifications.

2.1. Facteur de constriction

L'étude du comportement dynamique des particules, dans son essaim, a mené à la recherche de solutions afin d'éviter le problème de divergence de l'algorithme PSO. Le travail de Clerc et Kennedy [106] a démontré qu'une bonne convergence de cet algorithme est obtenue en assurant la dépendance entre les paramètres w^k, c_1 et c_2. Pour ce faire, l'utilisation d'un facteur de constriction K permet de prévenir la divergence de l'essaim. L'équation (3.1) devient :

$$v_{im}^{k+1} = K(v_{im}^k + c_1 \times rand1() \times (p_{im} - x_{im}^k) + c_2 \times rand2() \times (p_{gm} - x_{im}^k)) \qquad (3.4)$$

où K est donné par :

$$K = \frac{2}{\varphi - 2 + \sqrt{\varphi^2 - 4\varphi}}; \quad \varphi = \varphi_1 + \varphi_2, \; \varphi > 4 \qquad (3.5)$$

L'algorithme PSO avec coefficient de constriction est équivalent à celui Basique avec :

$$K \leftrightarrow w, \; c_1 \leftrightarrow K\varphi_1, \; c_2 \leftrightarrow K\varphi_2 \qquad (3.6)$$

Dans ses travaux de recherche [106], Clerc et al. ont arrivé, après plusieurs tests, à déterminer les valeurs optimales de φ_1 et φ_2. Dans la plupart des cas, ils utilisent $\varphi = 4,1$ et $\varphi_1 = \varphi_2$ ce qui donne un coefficient de constriction $K = 0.7298$.

L'insertion du paramètre K dans l'équation de la vitesse permet de contrôler le système. Ceci présente les avantages suivants :

> Assurer une converge vers un état d'équilibre ;
> Exploration de plusieurs régions de l'espace de recherche, avec annulation de toute convergence prématurée.

Après l'insertion du paramètre K, le système garantit la convergence vers un état d'équilibre, mais il ne garantit certainement pas qu'il converge vers l'optimum global. D'autres travaux de recherche basés sur la technique PSO [109, 110, 111] garantissent la convergence vers un état d'équilibre.

Cette méthode a été le bon exemple pour les recherches dans le domaine de l'optimisation. En effet, ses performances dans plusieurs types d'applications ainsi que la possibilité d'hybridation avec d'autres métaheurestiques sont à l'origine du nombre assez important de travaux qui ont été publiés dans un délai de temps très bref. Dans les deux travaux de Banks et al. [112, 113] un état de l'art complet sur cette technique a été élaboré.

2.2. Confinement de particules

Le déplacement d'une telle particule peut la conduire à sortir de l'espace de recherche. Cela peut amplifier l'effet des rétroactions positives et donc une non convergence du système. Pour se remédier à ce problème, Eberhart et al. [114] ont introduit un nouveau paramètre, noté V_{max}, pour contrôler l'explosion du système. Le comportement de l'algorithme PSO suivant les valeurs de V_{max} est étudié par Fan et al. [115].

Egalement, il existe une stratégie de confinement permettant de retourner une particule sortante de l'espace de recherche de nouveau à l'intérieur de celui-ci. Les méthodes employées sont :

➢ La particule qui sort à l'extérieur de l'espace de recherche sera exclue, on n'évalue plus sa fonction objectif. Comme ça, on garantit que cette particule n'attirera aucune autre particule ;
➢ La particule est détectée et stoppée à la frontière avec annulation des composantes correspondantes de la vitesse ;
➢ La particule est stoppée à la frontière et les composantes de la vitesse seront multipliées par un coefficient de correction, qui appartient à l'intervalle [0, 1], tiré aléatoirement.

3. Segmentation des images par l'algorithme PSO

3.1. Optimisation par PSO

L'algorithme PSO appartient à la famille des métaheuristiques dédiées à la résolution des problèmes d'optimisation. La segmentation d'images est l'une des problèmes d'optimisation. En effet, elle permet de déterminer le ou les meilleurs seuils optimaux tout en tenant compte de la contrainte du temps réel. L'algorithme PSO conçu, initialement, pour optimiser les problèmes à variables continues a été utilisé, ensuite, pour des problèmes à variables discontinues et a montré son efficacité.

L'optimisation par PSO a été appliquée, pour la première fois, dans le domaine de la segmentation d'images par Feng et al. [116] en 2005 pour la segmentation bi-niveaux. Cette technique métaheuristique a été utilisée en vue de rechercher une maximisation de l'entropie de Shannon à deux dimensions pour segmenter des images acquises par la technique à base de l'infrarouge. Dans ce travail, l'algorithme utilisé est celui développé par Kennedy [101]. Plus tard, Yin [117] a utilisé la technique PSO pour minimiser la distance de Kullback entre les régions. Il a segmenté [117], de manière supervisée, des images en utilisant la version d'algorithme proposée par Clerc [106]. Bazi et al. [118] ont proposé une approche basée sur l'algorithme PSO hybridé avec l'algorithme espérance-maximisation. L'algorithme PSO a utilisé la même initialisation pour la métaheuristique évolutionnaire pour segmenter des images de circuits. Les résultats de l'expérimentation ont été comparés et validés par rapport à l'algorithme hybridé Nelder-Mead PSO. Dans les travaux de Zhang et al. [119], la distance euclidienne a été remplacée par la distance Mahalanobis, dans l'algorithme de regroupements (Clustering ou C-Means), avec optimisation des centres de regroupement initial en utilisant la méthode d'optimisation de particules essaim. Les résultats de ce travail ont été utilisés et comparés à nos résultats déterminés par l'algorithme qu'on a développé et validé.

L'algorithme PSO conçu initialement pour la segmentation bi-niveaux a été étendu pour la segmentation multi niveaux. En effet, plusieurs travaux ont été élaborés dans ce sens par plusieurs chercheurs. L'algorithme PSO présente plusieurs avantages par rapport aux autres métaheuristiques tels que les algorithmes AG, évolution différentielle (DE) et ACO. Dans ses travaux, Hammouche et al. [120] ont établi une étude comparative entre ces trois algorithmes métaheuristiques avec d'autres variantes. Ils ont prouvé l'efficacité, la supériorité et la rapidité de l'algorithme PSO.

Zahara et al. [121] ont utilisé une conjonction avec la méthode simplex d'ajustement de la courbe de Gauss pour l'optimisation de la fonction Otsu. Ils ont pu passer de la segmentation bi-niveaux vers la segmentation multi-niveaux. De même, Chander et al. [122] ont présenté un algorithme PSO adaptatif qui ajuste les deux composantes, sociale et momentum, de l'équation de vitesse lors de la mise à jour de la particule avec les seuils initiaux obtenus par itération. Cela permet de réduire le temps d'exécution nécessaire. Egalement, le passage de la segmentation bi-niveaux vers la segmentation multi-niveaux a permis l'amélioration de la capacité de recherche locale de PSO et de son guidage. Dans ce cadre, Gao et al. [123] ont défini une région avec un plus grand nombre de particules. Cette variante de PSO a été inspirée du comportement écologique appelée IDPSO et basée sur une stratégie de recherche de perturbation intermédiaire. Elle permet d'améliorer la capacité de recherche locale des particules et d'augmenter leurs taux de convergence.

3.2. Avantages et inconvénients

Un des plus importants avantages des algorithmes d'optimisation PSO est la possibilité de l'utilisation de l'expérience globale de l'essaim de particules. En effet, la compétitivité donnée par cette méthode n'existe pas chez les autres métaheuristiques. Egalement, la possibilité d'utiliser plusieurs essaims permet de suivre différents optima locaux. De même, le nombre réduit des paramètres utilisés, la communication entre les particules et la mémoire restent parmi les meilleurs avantages.

Par contre, les performances de cette méthode, face à un problème donné, sont liées aux valeurs des paramètres de réglage. Ceci rend difficile et long de retrouver les valeurs optimales de chacun des paramètres. D'où le risque de stagner, dans le cas de la recherche locale, et donc avoir une convergence prématurée. Mais, même avec cette difficulté, on a plus de chance de trouver une solution optimale.

Dans le cas de la segmentation multi-niveaux, et contrairement à la segmentation bi-niveaux où l'utilisation de la méthode PSO a montré une efficacité satisfaisante, l'inconvénient majeur de cette méthode est la croissance exponentielle de la complexité des calculs en raison d'un mauvais choix de la fonction objectif. Pour ce faire, et pour remédier à cet inconvénient, plusieurs stratégies basées sur la variante PSO ont été proposées.

4. Modified PSO : Nouvel algorithme proposé pour la segmentation bi-niveaux

Le traitement d'images numériques joue un rôle très prépondérant dans plusieurs domaines tels que l'imagerie médicale qui constitue le domaine d'application de nos travaux de thèse. Les images médicales contiennent de diverses informations qui sont difficiles à extraire visuellement. De ce fait, il est, donc, nécessaire de disposer d'algorithmes de traitement automatique des images. C'est exactement dans ce cadre que s'inscrit notre contribution qui consiste à développer un algorithme de segmentation d'images médicales basé sur la technique PSO conventionnelle : développement de l'algorithme MPSO. L'acronyme MPSO vient de l'anglais : « Modified Particle Swwarm Optimization ».

La segmentation des images médicales est une étape indispensable qui permet au médecin de diagnostiquer la tumeur afin de la classer et donc déterminer la thérapie pour guérir. Plusieurs méthodes de segmentation d'images ont été développées dans la littérature [124]. Dans cette partie, on s'intéresse à l'approche de la segmentation binaire. C'est-à-dire obtenir une image binaire après segmentation : c'est la segmentation bi-niveaux. Cette approche est supervisée, c'est-à-dire que le nombre de régions à déterminer est défini au préalable par l'utilisateur. Le but final de notre travail est de fournir un outil permettant aux médecins de classer les images globales en des images avec lésions et des images saines. Ce type de classification repose sur une segmentation binaire. En d'autre terme, le nombre de régions est égal à deux : une région qui représente le fond et une autre région qui représente l'objet.

4.1. Positionnement du problème

Le problème de seuillage revient à subdiviser une image en m régions (dans ce cas $m=2$). Le processus de segmentation se base sur l'hypothèse que les régions se différencient par leurs niveaux de gris. Segmenter l'image en deux régions revient, donc, à déterminer le seuil optimal qui va diviser l'histogramme en deux régions.

Soit f l'image médicale sur laquelle on applique la segmentation. Cette image, après segmentation, donne g tel que :

$$\begin{aligned} g(x,y) &= 1 \quad si \;\; f(x,y) > T \\ g(x,y) &= 0 \quad sinon \end{aligned} \quad (3.7)$$

où : x et y sont les coordonnées du pixel courant et T est le seuil qui détermine les bornes des deux régions en niveaux de gris.

Le problème revient, donc, à déterminer le seuil optimal T. Ceci passe par l'utilisation d'une méthode parmi celles des métaheuristiques d'optimisation. Nous citons, par exemple, l'algorithme PSO Basique. Dans notre travail, qui concerne la segmentation d'image médicale f, chaque pixel est supposé comme étant une particule. L'espace totale de recherche est, tout simplement, la matrice des pixels de dimension informatique W x H, où W et H sont respectivement la largeur et la hauteur de la matrice. L'ensemble de ces pixels, choisis aléatoirement et qui forme l'espace de recherche parmi l'espace total, est de taille N.

Etant donnée, par exemple, une matrice de dimension 23x14 pixels. Dans ce cas, la taille totale de l'espace de recherche est de 322 particules (pixels). On choisit seulement, et d'une manière aléatoire, un espace de recherche de taille N=11 particules. On commence, dans une première étape, par l'initialisation des particules en se basant sur les deux équations de position (2.8) et de vitesse (2.9) (c.f. figure 2.2, image 1).

$$x_i^{k+1} = x_{i\min}^k + (x_{i\max}^k - x_{i\min}^k) \times rand() \quad (3.8)$$

$$v_i^{k+1} = v_{i\min}^k + (v_{i\max}^k - v_{i\min}^k) \times rand() \quad (3.9)$$

Ensuite, dans une deuxième étape, on procède à une évaluation de la qualité de position de chaque particule en utilisant la fonction objectif choisie. A la suite de quoi, on met à jour la position et la vitesse des particules en utilisant respectivement les deux équations (3.3) et (3.1) comme présenté sur la figure 2.2 (image 2). La condition d'arrêt est atteinte si la meilleure position qui possède la meilleure valeur calculée par la fonction objectif est déterminée. Si non, l'algorithme continue à boucler (figure 3.2 (images 3 → 6)).

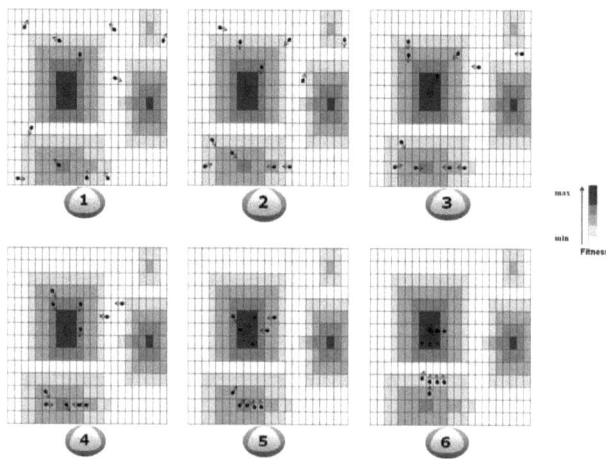

Figure 3. 2: Déplacement des particules

4.2. MPSO : Modified Particle Swarm Optimization [125]

4.2.1. Principe du nouvel algorithme

Pour pouvoir définir les équations de vitesse et de position, il faut tenir compte des affirmations suivantes :

- La dimension de l'espace de recherche est égale à M qui est le nombre total de solutions recherchées, pour la segmentation bi-niveaux M=1. La taille de l'espace de recherche est égale à N. Le nombre total de pixels de l'image qui sera convertie en un vecteur égal à W x H. La taille N de l'essaim est variable. Sa valeur sera citée dans la partie des résultats expérimentaux. Les équations de mise à jour de vitesse et de position sont celles définies précédemment (équations (3.1) et (3.3)) dans l'approche Basique du PSO proposée par Kennedy et Eberhart [101] (Tableau 3.1).

- La version proposée de MPSO est résumée dans le tableau 3.2. C'est une version globale car chaque particule est informée sur la totalité des autres particules voisines. Cette information sera utilisée par le terme P_g qui concerne la position globale. C'est le principal avantage de cette méthode proposée MPSO qui surmonte le problème des optima locaux.

Tableau 3. 2 Principe de l'algorithme MPSO

1. **Initialisation** des matrices de positions X_i et de vitesse V_i de chaque particule en utilisant ces deux équations:
$$x_i = x_{min} + (x_{max} - x_{min}) \times rand()$$
$$v_i = v_{min} + (v_{max} - v_{min}) \times rand()$$
2. **Evaluation** des positions des particules en utilisant la fonction fitness
    2.1 Pour chaque pixel de l'essaim
        2.1.1 **Conversion** en niveaux de gris le pixel de test
        2.1.2 **Détermination** des valeurs aux dessus de pixel de test
        2.1.3 **Détermination** des valeurs aux dessous de pixel de test
    fin
    2.2 **Calcul** de la fonction fitness pour le pixel de test
3. : **Détermination** des paramètres P_i et P_g .de chaque particule
4. : **Mise à jour** des matrices de positions et de vitesse de chaque particule en utilisant les équations (3.1) (3.3)
5. : **Arrêt** si le critère d'arrêt est atteint si non **aller à** étape2.

4.2.2. Nouvelle fonction fitness proposée [125, 95]

La technique PSO a été reprise par plusieurs chercheurs. Ils ont essayé de l'améliorer, soit par modification des équations de positions et de vitesses (comme déjà expliqué dans la section §1.3), soit par la proposition d'une nouvelle fonction fitness. Dans notre cas, nous avons opté pour la modification de la fonction fitness. Cette fonction est utilisée pour évaluer la performance de chaque particule pour, ensuite et après mise à jour des deux équations (3.1) et 3.3), choisir la nouvelle position. Cette fonction est utilisée pour évaluer les particules des individus afin de choisir la meilleure. Elle est, aussi, le facteur le plus important qui affecte directement les résultats obtenus concernant la meilleure position pour chaque individu. Pour ce faire, un bon choix de la fonction fitness permet de retrouver la meilleure solution en un temps très court.

Afin de mettre en valeur cette nouvelle fonction fitness, nous avons, dans un premier temps, traité notre l'image avec l'algorithme PSO conventionnel. Prenant, donc, un simple espace de recherche où le disque de couleur rouge représente la solution globale et les autres disques de couleurs jaunes sont les pics optimaux.

Nous constatons, dans ce cas, que les particules se dirigent vers l'une des meilleures solutions optimales et non pas vers la solution globale qui a la meilleure fonction fitness de tout l'espace de recherche (voir figure 3.3). La particule a, donc, déterminé une fausse solution. Ceci est dû au choix non convenable de la fonction fitness qui ne considère que les distances entre les particules.

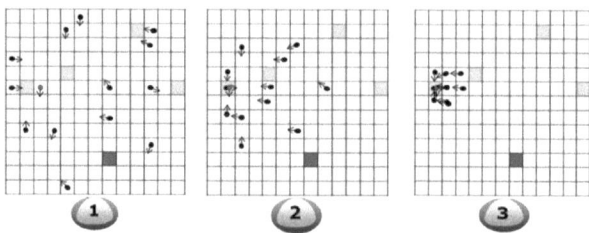

Figure 3. 3: Problème des optima locaux

Comme déjà annoncé, la contribution majeure de ce travail consiste à introduire cette fonction d'évaluation. Cette fonction fitness est à la base de l'algorithme MPSO. Pour chaque itération de la boucle, cette nouvelle fonction objectif est traitée en tenant compte de la valeur de chaque position du pixel (sa valeur en niveau de gris) dans la procédure de recherche de la meilleure valeur du seuil de tout l'essaim et non pas le calcul de la distance.

Dans cette nouvelle fonction objectif, nous commençons, pour chaque particule, par le calcul d'un poids P_j. Cette valeur est la conversion d'un pixel (particules) de l'espace en niveaux de gris. Elle sera, par la suite, choisie comme la valeur seuil recherchée car chaque position d'une particule peut contenir la meilleure valeur du seuil. Par conséquent, la détermination du meilleur seuil recherché sera effectuée en s'appuyant sur deux composantes principales :

- La meilleure position de la particule par rapport à ses voisines.
- La meilleure valeur calculée par rapport au seuil souhaité qui est initialement calculé.

Pour chaque particule, la valeur du poids P_j en fonction de sa position est donnée par l'équation (3.10) suivante :

$$P_j = 2^{itr-j} x(i,j) \qquad (3.10)$$

où *itr* est le nombre d'itérations totale à faire.

Après avoir calculé la valeur de P_j, nous déterminons le terme SP_j qui est égale à la somme des poids pour toutes les particules de l'essaim. Ce terme est calculé à partir de l'équation (3.11). Ensuite, cette somme sera normalisée en utilisant l'équation (3.12).

$$SP_j = \sum_{i=1}^{i=itr} P_i = 2^{itr-1} \cdot x(i,1) + 2^{itr-2} \cdot x(i,2) + \ldots + x(i,itr) \qquad (3.11)$$

$$N(j) = \frac{255 \cdot SP_j}{2^{(itr-1)}} \qquad (3.12)$$

Passons maintenant au pseudo-code de la fonction fitness. Tout d'abord, les quatre paramètres *highnum*, *highsum*, *lownum*, et *lowsum* sont initialisés à zéro. Ensuite, comme montré dans le tableau 3.3, chaque particule $N(i)$ sera comparée à l'intensité de pixel de l'image d'entrée $L(x,y)$ de coordonnées (m, n). Si $L(x,y)$ est inférieure à $N(i)$, alors le paramètre *lownum* sera incrémenté et on détermine une mise à jour de la valeur $lowsum$ en additionnant la valeur de $L(i)$ à la valeur initiale de *lowsum*. Dans le cas contraire où $L(x,y)$ est supérieure à $N(i)$, on fait la même chose mais pour le paramètre *highsum*.

N est le nombre de particules : taille de l'essaim de recherche.

Tableau 3. 3: Pseudo-code de comparaison

```
for i from 1 to N
    if L(i) ≺ N(i) then
        lowsum = lowsum + L(i)
        lownum = lownum + 1
    else
        highsum = highsum + L(i)
        highnum = highnum + 1
    end
end
```

Dans ce pseudo-code les deux paramètres *highnum* et *highsum* représentent, respectivement, le nombre de particules qui ont une intensité supérieure au seuil et à la somme de ses intensités. Par contre, les deux paramètres *lownum* et *lowsum* représentent, respectivement, le nombre de particules qui ont une intensité inférieure au seuil et à la somme de ses intensités.

A ce stade là, on compare respectivement *highnum* et *lownum* par rapport à zéro. Si ces deux paramètres ont des valeurs différentes de zéro, on introduit deux nouveaux paramètres u_1 et u_2 qui seront calculés comme suit :

$$u_1 = \frac{lowsum}{lownum} \qquad (3.13)$$

$$u_2 = \frac{highsum}{highnum} \qquad (3.14)$$

Finalement, la fonction fitness de la particule à la position *i* sera exprimée par l'équation (3.15) suivante :

$$fitness(i) = lownum \times highnum \times (u_1 - u_2)^2 \qquad (3.15)$$

En conclusion, dans notre algorithme MPSO, nous commençons par la détermination de la moyenne des positions en utilisant les extrema des valeurs (la valeur minimale et la valeur maximale). Ensuite, nous déterminons la fonction d'évaluation en multipliant le nombre de positions déjà établies par la norme de u_1 et u_2.

Cette nouvelle fonction fitness augmente la probabilité d'utiliser d'autres positions et de tester de nouvelles performances qui sont déjà parcourues par les particules voisines de l'essaim. Ainsi, cette méthode permet de garantir une meilleure vitesse de convergence à la valeur de seuil recherchée. Ceci a été confirmé à travers les résultats expérimentaux qui seront présentés dans la partie suivante. Le pseudo-code utilisé pour déterminer la fonction fitness est donné dans le tableau 3.4 :

Tableau 3. 4: Le Pseudo-code de la nouvelle fonction fitness proposée

```
Procedure fitness

    lowsum = 0
    lownum = 0
    highsum = 0
    highnum = 0
    for j from 1 to itr
        SP_i = 2^(itr-j) x(i,j)
    end
    N(i) = 255.SP_i / 2^(itr-1)
    for i from 1 to N
        if L(i) < N(i) then
            lowsum = lowsum + L(i)
            lownum = lownum + 1
        else
            highsum = highsum + L(i)
            highnum = highnum + 1
        end
    end
    if lownum = 0 then
        u_1 = 0
    else
        u_1 = lowsum / lownum
    end
    if highnum = 0 then
        u_2 = 0
    else
        u2 = highsum / highnum
    end
    fitness(i) = lownum * highnum * (u_1 - u_2)^2
```

5. Expérimentations

5.1. Cas des images médicales

L'algorithme MPSO ainsi réalisé a été implémenté avec succès en utilisant le logiciel MATLAB. Ce logiciel a été installé sur un ordinateur personnel de 2.53 GHZ de processeur, de 3G de RAM, et d'un système d'exploitation Windows 7. Les paramètres qui caractérisent cet algorithme sont initialisés avec les valeurs telles que décrites dans le tableau 3.5 :

Tableau 3. 5: Les paramètres utilisés pour l'algorithme MPSO

Paramètres	Valeurs
Nombre de particules (N)	50
Nombre d'itérations	100
Le coefficient (C_1)	0.5
Le coefficient (C_2)	0.5
Le poids d'inertie (w)	0.5

Les images IRM sur lesquelles nous avons appliqué la procédure de segmentation se composent principalement de trois grandes matières ; la matière grise (MG), la matière blanche (MB) et le liquide céphalorachidien (LCR). Egalement, nous trouvons d'autres matières déjà présentées dans le premier chapitre, section § 4. Le but de notre travail est, donc, de séparer les deux zones contenant MG et LCR de celle contenant MB. Ceci nécessite la détermination d'un seuil entre ces deux zones. Pour ce faire, nous avons initialisé les paramètres enregistrés dans le tableau 3.5. Le choix de ces derniers est déterminé expérimentalement après plusieurs essais. En effet, nous avons commencé par un nombre élevé de particules et d'itérations. Puis, nous avons diminué le nombre et après chaque test des performances de l'algorithme nous avons appréhendé les valeurs finales.

Dans un premier temps, les résultats de segmentation donnés par l'algorithme MPSO seront comparés avec ceux de l'algorithme conventionnel de la technique PSO afin de déterminer l'avantage du nouvel algorithme proposé (MPSO). Dans un deuxième temps, cet algorithme proposé sera comparé avec d'autres métaheuristiques proposées dans des travaux d'autres chercheurs.

5.1.1. Comparaison entre le nouvel algorithme MPSO et PSO conventionnel

L'algorithme MPSO appliqué sur des images IRM a surmonté le problème des optima locaux. En effet, l'algorithme PSO conventionnel risque de se piéger dans le cas d'optimum local. Dans ce cas, il consomme plus de temps d'exécution et donc un nombre d'itérations plus élevé pour déterminer le seuil optimal avec une qualité visuelle qui n'est pas bonne.

5.1.1.1. Etude qualitative

La figure 3.4 montre le résultat de segmentation appliqué sur l'image IRM de cerveau pondérée en T1. Cette image, la plus utilisée, représente le test le plus basique des images IRM. Les images a et b de la figure 3.4

représentent, respectivement, le résultat de l'application des algorithmes PSO et MPSO sur l'image médicale contenant les trois zones ; MG, MB et LCR :

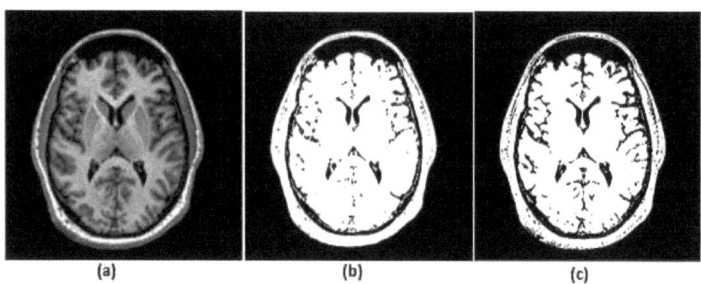

Figure 3. 4: Résultat expérimentaux, (a) Image pondérée en T1 (coupe axiale), (b) Segmentation par PSO, (c) Segmentation par MPSO

D'après les images données dans la figure 3.4, nous pouvons aisément constater que la méthode MPSO proposée dans ce travail est meilleure. En effet, l'image (c) de la figure 3.4 montre beaucoup plus de détails que les deux premières (images (a et b)). Cette image (figure 3.4.c) conserve autant de renseignement que possible de la zone LCR. De plus, la zone MG est plus claire dans cette image que dans celle obtenue par la méthode PSO conventionnelle (figure 3.4.b).

5.1.1.2. Etude quantitative

♣ Nombre d'itérations et temps d'exécution

La figure 3.5 représente la vitesse de convergence de la fonction fitness, respectivement, pour les algorithmes PSO et MPSO. Elle illustre le nombre d'itérations à effectuer pour avoir le seuil optimal. Cette étude quantitative permet d'illustrer les performances de chacune des deux méthodes utilisées (PSO et MPSO).

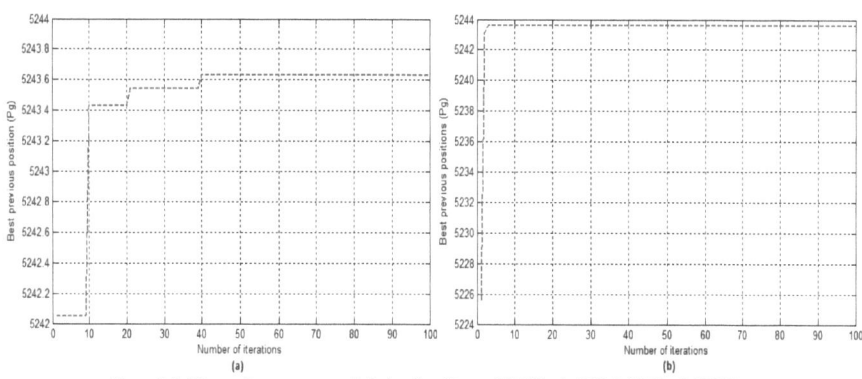

Figure 3. 5: Vitesse de convergence de la fonction fitness, (a) Méthode PSO, (b) Méthode MPSO

En se basant sur les graphes (a) et (b) de la figure 3.5, nous constatons que la nouvelle méthode proposée MPSO donne le meilleur résultat de segmentation. En effet, la courbe de l'évolution de la fonction de remise en forme (fitness) de la méthode PSO se stabilise lors de la 40ème itération. Par contre, c'est avant la 4ème itération que la courbe de l'évolution de la fonction de la remise en forme en utilisant la méthode MPSO se stabilise.

Rappelant que le but de la segmentation est la détermination du seuil optimal, cela dépend essentiellement du bon choix de la fonction fitness initialement choisie. La nouvelle méthode proposée se base sur une nouvelle fonction fitness. Cette fonction proposée est la plus efficace, sachant que la valeur de la fonction fitness relevée à partir du graphe de la figure 3.5.b est d'environ 5243.9 contre une valeur de 5243.6 seulement pour la méthode PSO relevée du graphe de la figure 3.5.a.

Les deux méthodes MPSO et PSO appartiennent à la famille des algorithmes métaheuristiques où l'initialisation de leurs paramètres se fait aléatoirement par la fonction Random de Matlab. Donc, le résultat obtenu diffère d'une exécution à une autre. Pour ce faire, nous effectuons, pour chaque algorithme, 20 exécutions afin de calculer la moyenne. Le tableau 3.6 regroupe les valeurs optimales du seuil, respectivement pour les deux méthodes PSO et MPSO, ainsi que le nombre d'itérations et le temps d'exécution nécessaires afin d'obtenir cette valeur.

Tableau 3. 6: Valeurs de seuil et temps d'exécution pour les algorithmes PSO et MPSO appliqués à l'image IRM

Algorithme	Seuil	Temps d'exécution(s)
PSO (100 itérations)	79	43.26
MPSO (100 itérations)	80	2.14

En analysant les résultats regroupés dans le tableau 3.6, nous constatons que la valeur du seuil de la nouvelle méthode proposée est meilleure. De plus, avec cette nouvelle méthode, le temps d'exécution nécessaire pour atteindre le seuil est 20 fois plus court que dans cas de l'application de la méthode PSO.

- Coefficient Dice

Le cofficient Dice ou le Coefficient de Similarité Dice (DSC) [126], connu également par Lee Ramond Dice, est un paramètre de mesure de similarité des ensembles. Ce paramètre est déterminé par l'équation (3.16) :

$$DSC = \frac{2|X \cap Y|}{|X| + |Y|} \qquad (3.16)$$

Dans ce travail, les deux ensembles sont, respectivement, les images après segmentation manuelle (notées X) et celles après segmentation automatique (notées Y). Le tableau 3.7 regroupe les résultats expérimentaux relevés après détermination du coefficient Dice sur les images obtenues par les deux algorithmes MPSO et PSO.

Tableau 3.7: Coefficient Dice pour les algorithmes PSO et MPSO appliqués à l'image IRM

Algorithme	Coefficient Dice
PSO	0.7637
MPSO	0.9314

Comparé à celui PSO, l'algorithme MPSO présente un résultat de segmentation plus proche de la segmentation manuelle. Ceci procure un résultat plus sûr et une qualité plausible. En effet, d'après le tableau 2.7, le coefficient Dice pour l'algorithme MPSO est de 0.9314 contre, seulement, 0.7637 pour l'algorithme PSO.

A la suite des résultats qualitatifs et quantitatifs présentés ci-dessus, nous pouvons constater clairement que notre méthode basée MPSO est meilleure en termes de temps d'exécution, de la valeur de seuil de segmentation bi-niveaux et de similarité avec la méthode manuelle.

5.1.1.3. Comparaisons avec d'autres images médicales

Après avoir validé la méthode MPSO par application sur l'image médicale IRM pondérée en T1, l'image la plus utilisée pour la validation des algorithmes proposés, nous appliquons cette même méthode sur trois autres images IRM cérébrales qui sont :

- Image IRM du cerveau pondérée en T2 montrant le cortex, ventricule latéral et le falx cerebi (Coupe axiale) ;
- Image IRM du cerveau pondérée en T1 montrant le syeballs avec le nerf optique, le bulbe, vermis et le lobes temporaux avec les régions hippocampiques (Coupe axiale) ;
- Image IRM de Corpus du cerveau Pondérée en T1 montrant le cortex de blanc et de matière grise, le corps calleux, ventricule latéral, le thalamus, la protubérance et le cervelet (Coupe sagittale).

Dans cette partie, nous avons gardé la même méthodologie adoptée auparavant. La figure 3.6 présente le résultat de segmentation bi-niveaux des trois images étudiées (figure 3.6 (a, d, g)), respectivement, par la méthode MPSO (figure 3.6 (c, f, i)) et par la méthode PSO (figure 3.6 (b, e, h)). Visuellement, nous constatons, encore une autre fois, que la qualité de la segmentation par l'algorithme MPSO est meilleure.

Egalement, il serait très important de signaler que le résultat de segmentation est fonction de la complexité de l'image et de la quantité d'informations qu'elle comporte. En effet, les images qui comportent plusieurs informations et plusieurs détails seront plus difficiles à être segmentées. On risque, donc, d'avoir une image binaire de mauvaise qualité. C'est dans ce contexte que les deux images données dans la figure 3.6.d et 3.6.g peuvent s'inscrire. Elles sont très compliquées et comportent plusieurs détails et informations.

De ce fait, leurs segmentations sont difficiles et nécessitent un algorithme très efficace et plus puissant. D'après le résultat obtenu, pour ces deux images, nous constatons que la segmentation obtenue par l'algorithme MPSO est plus claire et permet d'avoir plus de détails sur l'image binaire. En effet, la différence entre les deux résultats, respectivement, de la segmentation par PSO et par MPSO est très remarquable. Par contre, pour l'image (a), les segmentations binaires par les deux algorithmes sont presque pareils. Cette image peut être considérée comme une image simple et ne contenant que très peu d'informations.

Nous pouvons, donc, conclure que l'algorithme MPSO est plus efficace et peut être un très bon outil de segmentation des images compliquées.

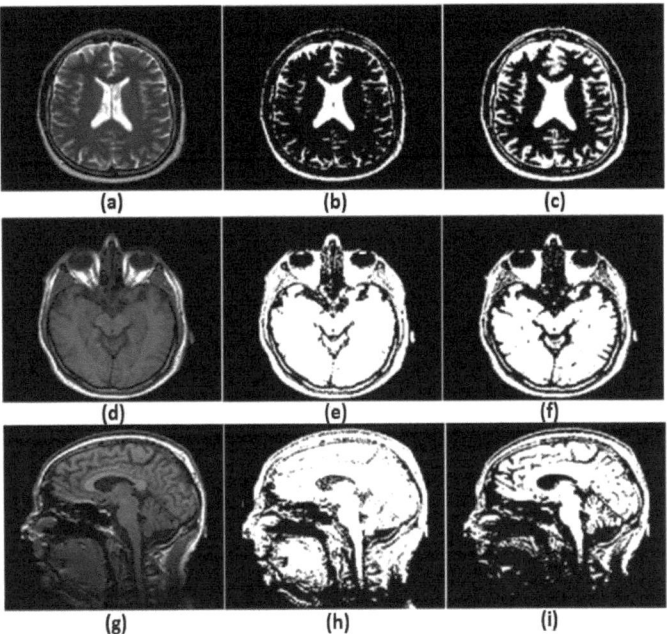

Figure 3. 6: Résultats expérimentaux, (a) Image IRM pondérée en T2 (Coupe axiale), (d) Image IRM pondérée en T1 (Coupe axiale), (g) Image IRM de Corpus de cerveau pondérée en T1 (Coupe sagittale), (b, e, h) Segmentation par PSO, (c, f, i) Segmentation par MPSO

Tableau 3.8: Valeurs de seuil et temps d'exécution pour les algorithmes PSO et MPSO appliqués aux images IRM

Images MRI	Algorithme	Seuil	Temps d'exécution(s)
Image de cerveau pondérée en T2 (Coupe axiale)	PSO (100 itérations)	76	38.65
	MPSO (100 itérations)	87	2.28
Image de cerveau pondérée en T1 (Coupe axiale)	PSO (100 itérations)	69	44.11
	MPSO (100 itérations)	75	2.98
Image cérébrale de Corpus de cerveau pondérée en T1 (Coupe sagittale)	PSO (100 itérations)	62	46.17
	MPSO (100 itérations)	74	2.45

Passant maintenant à l'étude quantitative. D'après les résultats regroupés dans le tableau 3.8, nous constatons que les valeurs des seuils, pour les trois images traitées, sont plus élevées dans le cas de la segmentation par MPSO. La différence sera plus notable pour les images les plus délicates et difficiles à segmenter. En effet, l'écart entre les deux seuils déterminés après segmentation bi-niveaux pour l'image de cerveau pondérée en T2 est évident. Par contre, pour les deux autres images, il est très éminent. Egalement, la différence en termes de complexité d'image est traduite par l'augmentation du temps d'exécution nécessaire pour déterminer les seuils optimaux, pour les trois images, en appliquant la méthode PSO. Nous observons une augmentation estimée de 7.52s entre l'image de cerveau pondérée en T2 et l'image de corpus de cerveau pondérée en T1 puisque le temps nécessaire a augmenté de 38.65s à 46.17s, respectivement, pour les deux images. Par contre, pour la méthode MPSO, la différence devient négligeable et ne dépasse pas les 17ms.

Cette étude quantitative confirme bien l'importance des résultats de la segmentation par MPSO et certifie l'efficacité de ce nouvel outil proposé dans notre travail. Finalement, l'étude qualitative et l'étude quantitative effectuées sur ces trois images nous procurent une confirmation catégorique : La méthode MPSO proposée dans ce travail de thèse est meilleure que la méthode basée PSO conventionnelle.

5.1.2. Comparaison entre l'algorithme MPSO et les algorithmes GA et SFLA

Pour se rassurer de la qualité de la méthode proposée (segmentation par MPSO), et après avoir réalisé, comparé et évalué sa qualité par rapport à la métaheuristique conventionnelle PSO, il est, donc, nécessaire de comparer et d'évaluer cette méthode avec d'autres algorithmes d'optimisation évolutionnaires tels que les algorithmes GA et SFLA. Dans la figure 3.7, nous observons le résultat de la segmentation bi-niveaux appliquée sur l'image IRM de cerveau pondérée en T1, respectivement, par les trois algorithmes GA, SFLA et MPSO. Dans la littérature, l'algorithme PSO conventionnel est plus avantageux que la méthode GA. Par contre, l'algorithme SFLA offre des avantages proches voire même meilleurs pour plusieurs cas d'utilisations par rapport à l'algorithme PSO. Dans la partie précédente de notre travail, nous avons, déjà, montré que la méthode MPSO est meilleure que celle basée PSO conventionnelle. Il est donc tout à fait logique que la méthode MPSO offre plus d'avantages par rapport à la méthode GA et normalement doit procurer des résultats plus avantageux que la méthode SFLA. Nous procédons, dans la suite, par une étude qualitative puis quantitative pour prouver cette affirmation.

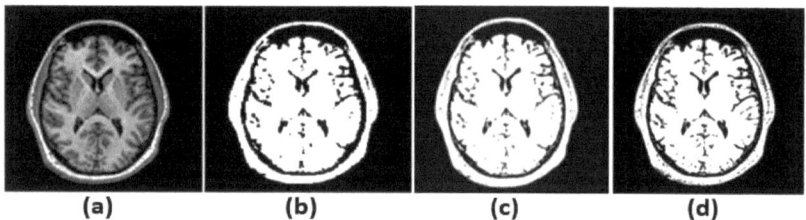

(a)   (b)   (c)   (d)

Figure 3. 7: Résultats expérimentaux, (a) Image de cerveau pondérée en T1 (Coupe axiale), (b) Segmentation par GA, (c) Segmentation par SFLA, (d) Segmentation par MPSO

Il est très clair que, par observation visuelle, le résultat de segmentation donné par la méthode MPSO est très loin d'être comparé avec le résultat de segmentation donné par la méthode GA. De même, cette méthode MPSO est meilleure par rapport à l'algorithme SFLA. La zone en bas à droite est riche en matière grise dans le cas de la segmentation par la méthode MPSO (figure 3.7.d), alors qu'elle est presque supprimée après segmentation par la méthode GA, et presque éliminée après segmentation par la méthode SFLA. La méthode MPSO prouve encore ses performances qualitatives par rapport à d'autres algorithmes d'optimisation métaheuristiques.

Maintenant, nous passons à la comparaison des résultats de l'étude quantitative. Nous enregistrons dans le tableau 3.9 les valeurs expérimentales données par les algorithmes GA, SFLA et MPSO, respectivement, pour la valeur du seuil et la valeur du temps d'exécution, en seconde, consommé par les algorithmes pour trouver cette valeur recherchée.

Tableau 3.9: Valeurs de seuil et temps d'exécution pour les algorithmes GA, SFLA et MPSO appliqués sur l'image IRM de cerveau pondérée en T1

Algorithme	Seuil	Temps d'exécution(s)
GA (100 itérations)	76	23.57
SFLA (100 itérations)	78	32.84
MPSO (100 itérations)	80	2.14

Quantitativement et en se référant au tableau 3.9, nous constatons que la valeur du seuil est meilleure dans le cas de segmentation par la méthode MPSO. En effet, dans ce cas, elle est égale à 80 contre, seulement, 76 pour la segmentation par la méthode GA et 78 par la méthode SFLA. De même, pour la méthode GA, le temps d'exécution est 10 fois supérieur à celui par la méthode MPSO. Pour la méthode SFLA, le temps d'exécution est encore plus élevé. De la même manière que précédemment, nous avons essayé d'appliquer la segmentation par les trois méthodes GA, SFLA et MPSO sur les mêmes images définies avant (paragraphe 3.1.1.3). Nous représentons sur la figure 3.8 et dans le tableau 3.10, respectivement, les résultats des segmentations, les valeurs de seuil et les temps d'exécution afin d'évaluer qualitativement et quantitativement les trois algorithmes.

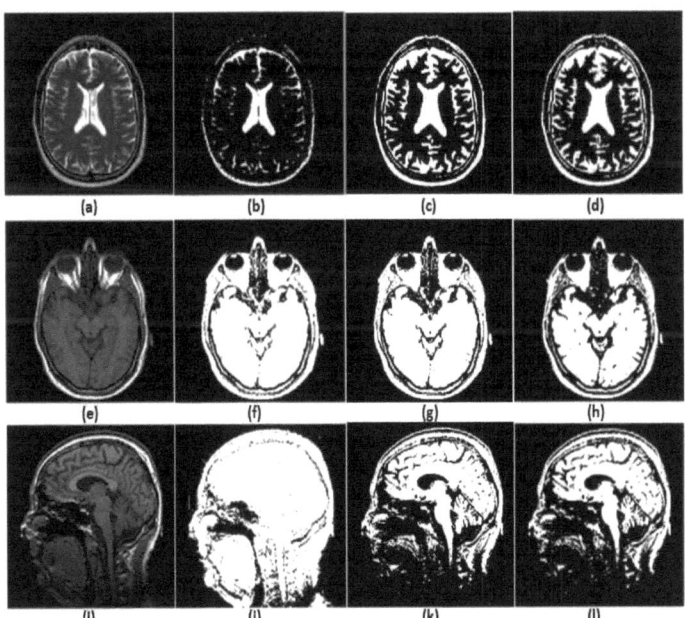

Figure 3. 8: Résultats expérimentaux, (a) Image IRM pondérée en T2 (Coupe axiale), (e) Image IRM pondérée en T1 (Coupe axiale), (i) Image IRM de Corpus de cerveau pondérée en T1 (Coupe sagittale), (b, f, j) Segmentation par GA, (c, g, k) Segmentation par SFLA, (d, h, l) Segmentation par MPSO

Les résultats de segmentation par l'algorithme MPSO sont meilleurs que ceux obtenus par les algorithmes SFLA et GA. En effet, d'après la figure 3.8 et plus précisément les images (d, h, i), nous constatons que la segmentation obtenue par l'algorithme MPSO est plus claire et permet d'avoir plus de détails sur l'image binaire. De même, nous pouvons constater que l'importance et l'efficacité de cet algorithme augmente avec la complexité de l'image à traiter. Qualitativement, et comparé aux algorithmes SFLA et GA, nous pouvons donc dire que la segmentation par MPSO reste toujours la meilleure.

Tableau 3. 5: Valeurs de seuil et temps d'exécution pour les algorithmes GA, SFLA et MPSO appliqués aux images IRM

Images MRI	Algorithme	Seuil	Temps d'exécution(s)
Image de cerveau pondérée en T2	GA (100 itérations)	80	19.82
	SFLA (100 itérations)	85	21.83
	MPSO (100 itérations)	87	2.28
Image de cerveau pondérée en T1	GA (100 itérations)	63	22.49
	SFLA (100 itérations)	67	24.82
	MPSO (100 itérations)	75	2.98
Image cérébrale de Corpus de cerveau pondérée en T1	GA (100 itérations)	47	27.52
	SFLA (100 itérations)	69	30.19
	MPSO (100 itérations)	74	2.45

D'après les résultats de l'étude quantitative regroupés dans le tableau 3.10, nous constatons que les valeurs des seuils, pour les trois images traitées, sont toujours plus élevées dans le cas de la segmentation par MPSO. L'écart entre les différentes valeurs du seuil sera plus important dans le cas des images les plus compliquées et plus difficiles à segmenter. En effet, l'écart entre les deux seuils déterminés après segmentation bi-niveaux de l'image de cerveau pondérée en T2, respectivement, par les algorithmes GA et MPSO ne dépasse pas le 7. Par contre, pour les deux autres images, il est, respectivement de 12 et de 30. La même chose pour le temps d'exécution, il reste toujours meilleur dans le cas du nouvel algorithme MPSO.

Finalement, d'après ces résultats de l'étude qualitative (figure 3.8) et l'étude quantitative (tableau 3.10) effectuées sur les trois images sélectionnées, nous pouvons dire, encore une autre fois, que la méthode MPSO proposée reste la meilleure et la plus efficace pour tous les types d'images (simples ou complexes).

5.2. Cas des images Benchmarks populaires

L'évaluation de la qualité des résultats de notre algorithme est, également, effectuée par l'application de l'algorithme MPSO sur des images Benchmarks telles que Lena, Peppers et Women. Ces images ont été utilisées par plusieurs chercheurs dans leurs travaux de recherche portant sur la segmentation par l'algorithme PSO ou des algorithmes dérivés de cette méthode qui ont subi des améliorations.

Dans notre travail, nous introduisons le cas de zhang et al. [119] qui ont amélioré l'algorithme PSO en introduisant la distance Mahalanobis pour le comparer avec notre algorithme proposé. Pour ce faire, et pour mieux valider la qualité de la méthode MPSO proposée, nous commençons par l'application des algorithmes PSO, SFLA, GA et MPSO sur l'image Lena. Le résultat obtenu est représenté dans la figure 3.9.

(a)   (b)   (c)   (d)   (e)

Figure 3. 9: Résultats expérimentaux, (a) Lenna, (b) Segmentation par PSO, (c) Segmentation par SFLA, (d) Segmentation par GA, (e) Segmentation par MPSO

La figure 3.9 montre, encore une fois, la qualité exceptionnelle de la méthode MPSO développée. La qualité visuelle de l'image (e) par rapport aux autres images (b), (c), et (d) est impressionnante. En effet, la quantité d'informations fournies par l'image (e) est beaucoup plus importante que celle fournie par les deux autres méthodes. Ceci permet une meilleure description de l'opération de la segmentation.

Le tableau 3.11 regroupe les valeurs de seuil et les temps d'exécutions pour la segmentation de l'image Lenna par les quatre méthodes GA, PSO SFLA et MPSO.

Tableau 3. 6: Valeurs de seuil et temps d'exécution pour les algorithmes GA, PSO et MPSO appliqués sur l'image Lenna

Algorithme	Seuil	Temps d'exécution (s)
GA (100 iterations)	108	21.34
SFLA (100 itérations)	115	25.18
PSO (100 iterations)	114	20.96
MPSO (100 iterations)	117	2.57

En observant les valeurs de seuil données pour chaque méthode, nous constatons que les valeurs sont très proches avec de meilleures performances pour la méthode MPSO. La méthode MPSO s'avère très convaincante en termes de temps d'exécution. Elle est presque 10 fois plus rapide que les trois autres méthodes. Ceci représente un atout pour opter pour la méthode MPSO.

La figure 3.10 montre les résultats de la segmentation d'images Benchmarks (Lenna, Peppers et Women) par les deux méthodes : PSO et Possibilistic C-Means (PCM) avec la distance Mahalanobis [119], et la méthode MPSO. Exactement comme prévu, la figure 3.10 confirme encore la qualité visuelle de la méthode MPSO. Le nez, la bouche, les yeux, la zone d'ombre sur le chapeauté, les cheveux de Lena sont tous des détails déterminants pour évaluer la qualité des résultats de segmentation. Ils sont plus clairs dans les images (c, g, j) que dans les autres images (b, f, i).

La partie qui concerne la segmentation bi-niveaux est finie. Nous avons proposé un nouvel algorithme métaheuristique MPSO qui a démontré une grande efficacité lors de son application sur des images cérébrales ainsi que sur des images Benchmarks. Nous avons, également, comparé les résultats obtenus par cette méthode avec ceux obtenus par plusieurs autres métaheuristiques telles que GA, PSO conventionnel, PSO et PCM avec la distance de Mahalanobis et SFLA.

Dans la suite de ce deuxième chapitre, nous nous intéressons à la segmentation multi-niveaux.

Figure 3. 130: Résultats expérimentaux, (a) Lenna, (e) Peppers, (h) Women, (b, f, i) Segmentation par PSO et PCM avec distance de Mahalanobis[119], (c, g, j) Segmentation par MPSO

6. Conclusion

Ce chapitre recense les algorithmes réalisés pour la segmentation bi-niveaux d'image IRM basés sur l'amélioration de l'algorithme PSO utilisé dans la littérature. Nous avons, tout d'abord, défini le problème relatif à l'optimisation du seuil recherché pour la segmentation bi-niveaux. De même, nous avons expliqué le principe utilisé par la variante PSO conventionnelle. A la suite de quoi, nous avons présenté les améliorations effectuées pour avoir une variante plus efficace : on a proposé une nouvelle fonction fitness pour développer notre nouvel algorithme ainsi renommé MPSO. Cet algorithme a été validé par des applications expérimentales réalisées sur des images IRM cérébrales et des Benchmarks. Egalement, il a été comparé avec d'autres algorithmes disponibles dans la littérature.

Dans le chapitre qui suit, nous nous intéressons à la présentation des architectures synthétisables de segmentation d'images IRM basés sur l'algorithme MPSO pour la segmentation bi-niveaux.

Chapitre 4 :
La segmentation multi-niveaux : algorithmes proposés basés PSO

Chapitre 4

Architectures matérielles proposées pour la segmentation bi-niveaux d'images IRM basées PSO

Introduction

    Après avoir validé le nouvel algorithme métaheuristique de la segmentation bi-niveaux des images IRM cérébrales basés sur la technique PSO sur MATLAB, nous proposons dans ce chapitre de développer des architectures matérielles du même algorithme pour l'implémenté sur une cible FPGA de chez Virtex de la famille Xilinx ML507.

    En fait, nous comptons synthétiser cette architecture à l'aide de l'outil de synthèse matérielle HDL designer (Xilinx ISE Design) et du simulateur ModelSim. Cela est faisable en se basant sur l'outil de modélisation niveaux système XSG (Xilinx System Generator).

    Nous commençons, tout d'abord, par mettre en œuvre notre cible, présenter le défi et les motivations du travail à réaliser ainsi que citer quelques travaux d'implémentation déjà proposés. De même, nous présentons les outils nécessaires pour concrétiser cette implémentation. Ensuite, nous présentons les architectures proposées pour la segmentation bi-niveaux en débutant par l'architecture basée sur l'algorithme PSO conventionnel (HAPSO), puis une architecture améliorée (HAMPSO) basée sur l'algorithme MPSO qui a été décrit dans le chapitre précédent. Finalement, nous terminons, ce chapitre, par exposer les résultats de simulation.

1. La segmentation d'images IRM cérébrales basée PSO en temps réel

De nombreux soucis du monde peuvent être traduits en un problème d'optimisation, difficile à être résolu par les algorithmes classiques d'optimisation. Ces dernièrs nécessitent un calcul complexe, et par la suite, un temps de traitement très long. Comme ces problèmes d'optimisation sont issus de plusieurs domaines à l'instar de la robotique et les systèmes autonomes [127, 128], la biométrie [129], contrôle et aide système [130] l'imagerie médicale [131], plusieurs chercheurs se sont intéressés à ce sujet afin de réduire la complexité et trouver la meilleure solution dans les conditions les plus optimales.

Les phénomènes rencontrés dans ces domaines ont généralement un comportement non linéaire et les algorithmes d'optimisation classiques réalisent des calculs complexes lors d'une résolution d'un problème non linéaire. De même, le développement de l'industrie de l'électronique et de l'informatique impose une réponse en temps réel avec une capacité de traitement très sophistiquée ayant une vitesse très rapide. Pour faire face à ces privilèges, la meilleure solution est d'utiliser les algorithmes d'optimisation basés métaheuristiques. Ces algorithmes ont une capacité énorme à résoudre les problèmes d'optimisation mono et multi-objectifs (étudiés dans le chapitre 1, section 4). Parmi les algorithmes d'optimisation métaheuristiques les plus connus et les plus utilisés, nous citons l'algorithme PSO.

Dans la littérature, plusieurs chercheurs ont proposé des architectures matérielles pour les systèmes ayant des exigences temps réel. Dans leurs travaux, El-Abed et al. [132] ont implémenté l'algorithme « PSO » et une version améliorée de PSO appelée DPSO pour obtenir une meilleure performance permettant la résolution du problème de placement temporel pour les architectures reconfigurables telles que le FPGA. De même, Gao et al. [133] ont implémenté un filtre adaptatif à réponse impulsionelle infinie en se basant sur l'algorithme PSO. En effet, l'algorithme PSO effectue une recherche aléatoire structurée dans un espace de paramètres inconnu et converge vers la solution optimale adaptée. Cette technique permet la convergence vers la solution globale, même pour l'optimisation multimodale. Elle est indépendante de la structure du filtre, ce qui le rend particulièrement utile pour l'optimisation des filtres adaptatifs IIR non linéaires.

En ce qui concerne les applications de traitement d'images médicales, nous citons le travail de Saadi et al. [134] dans lequel les auteurs ont opté pour une hybridation entre l'algorithme PSO et l'algorithme de recherche de nourriture des bactéries (BCO) pour la restauration des images radiologiques. Cette hybridation a été implémentée sur une cible FPGA ML 505 de chez Virtex.

Dans le présent travail, nous traitons la segmentation d'image médicale. Ce domaine de traitement d'images englobe des millions d'approches de segmentation qui ont été développées par plusieurs chercheurs [135, 136]. Dans le chapitre 3, nous avons démontré que l'algorithme PSO est l'algorithme le plus adéquat pour réussir la segmentation d'images IRM cérébrales. D'autre part, dans les dernières décennies, le développement des systèmes embraqués est considéré comme un défi qui a été confronté par plusieurs communautés industrielles et universitaires. Ceci est dû aux flexibilités des outils de conception matérielle et de la reconfigurabilité des circuits intégrés numériques à savoir les DSPs et les FPGAs. Avec le développement des FPGAs, la réalisation d'un outil portable de segmentation d'images efficace et temps réel est possible.

Egalement, les avantages de l'utilisation du matériel sont la stabilité, la vitesse de traitement temps réel et le parallélisme. En effet, les processeurs embarqués des FPGAs permettent l'exécution multiple des instructions parallèles. PSO est formé d'un ensemble de particules évoluant dans un essaim afin de trouver la valeur optimale de la fonction objectif. A chaque itération, cet algorithme évalue la fonction objectif de chaque position de chaque particule. Ensuite, les positions sont mises à jour selon l'historique des positions de toutes les particules. C'est ici qu'on bénéficie de la structure des FPGAs. Avec la programmation software, il est indispensable d'évaluer la fonction objectif de la position de chaque particule à part. Au contraire, la programmation matérielle permet à cette évaluation d'être exécutée en parallèle. Ceci permet une réduction énorme du temps d'exécution.

De même, la reconfigurabilité constitue un avantage permettant d'améliorer l'architecture initiale sans pour autant renoncer à tout ce qui a été initialement conçu. Aussi, les ressources des FPGAs sont compétitives, robustes, stables et fiables et l'utilisation de la programmation matérielle augmente la vitesse de traitement et facilite l'échange des variables vu l'utilisation des registres internes. En outre, l'utilisation de l'outil de modélisation niveau système XSG pour générer le code VHDL rend facile et rapide la conception de ces types d'architecture [137].

Par conséquent, en se basant sur les avantages cités, nous proposons, dans ce travail, des architectures de segmentation bi-niveaux cérébrales à base de l'algorithme PSO. Nous commençons, tout d'abord, par la présentation des outils utilisés.

2. Les FPGAs : Notions générales

La plus simple méthode pour pouvoir implémenter les algorithmes métaheuristiques d'optimisation est de les écrire sous forme des programmes software (logiciel) qui peuvent être exécutés par des processeurs numériques standards. L'avantage majeur d'y avoir recours au développement logiciel est le nombre énorme des bibliothèques software existantes. De même, l'existence de ces bibliothèques software élimine le grand effort que les chercheurs doivent exercer pour comprendre le fonctionnement du support matériel. De même, il existe plusieurs langages de programmation software. Parmi eux, nous citons le C++ [138], le JAVA et le C# [139].

Pour ces types de langage de programmation, il existe plusieurs compilateurs permettant l'implémentation des programmes software ainsi que leurs développements et leurs optimisations au moindre effort. Aussi, il y a plusieurs processeurs numériques qui peuvent exécuter ces algorithmes logiciels. Nous trouvons, par exemple, les microcontrôleurs [140] et les DSPs : les processeurs de traitement de signaux numériques et les processeurs à usage général. Les microcontrôleurs présentent un bon marché (de point de vue prix) et consomment de faibles énergies, mais leur inconvénient majeur réside dans leur faible puissance de traitement numérique et de calcul. Les DSPs sont conçus spécifiquement pour les applications de traitement de signaux numériques tandis que les microprocesseurs à usage général offrent les meilleures performances et la flexibilité.

Alors que la tendance pour les microprocesseurs à haute performance et les DSPs est d'intégrer les techniques pour garantir l'avantage du parallélisme d'instructions, les processeurs et les compilateurs logiciels sont réservés pour interpréter et exploiter ces possibilités de parallélisme. Comme les processeurs sont conçus pour les opérations de calcul, ils ne peuvent pas s'en servir de l'avantage du parallélisme dans chaque application. Au lieu d'exécuter le logiciel sur un processeur, un système numérique personnalisé peut être conçu spécifiquement pour une application donnée. Ce système numérique personnalisé peut être conçu pour profiter d'un niveau de parallélisme qui existe dans l'application en cours d'exécution. Comme ce système peut effectuer un degré de parallélisme plus haut, il peut donc surpasser n'importe quelle implémentation logicielle en terme de temps d'exécution. Cependant, il est beaucoup plus difficile de concevoir un système numérique complet pour implémenter un algorithme c'est-à-dire une implémentation hardware que d'une simple implémentation software de l'algorithme.

Les FPGAs sont des circuits intégrés programmables. Ils peuvent être des circuits reprogrammables, pour implémenter des fonctionnalités de logique arbitraire sans avoir supporté le processus de conception long et coûteux requis comme le cas des ASICs (Application Specific Integrated Circuits). Alors que les FPGAs ne subissent pas les coûts élevés de production des ASICs, ils sont plus lents et consomment plus d'énergie et plus d'espace mémoire que leurs homologues ASICs. Cependant, l'architecture des FPGAs est plus flexible et à moindre coût de prototypage : c'est ce qui rend les FPGAs des plates-formes populaires pour la recherche.

2.1. La technologie interne des FPGAs

Préalablement, ce sont les dispositifs de logique programmable complexes, les CPLDs acronyme de Complex Programmable Logic Devices qui sont de conception plus ancienne. C'est la version qui précède les FPGAs. Ces circuits numériques incluent un grand nombre d'éléments de logiques programmables. La densité en portes logiques dans un CPLD peut atteindre des dizaines de milliers. Par contre, dans un FPGA, le nombre peut atteindre plusieurs millions.

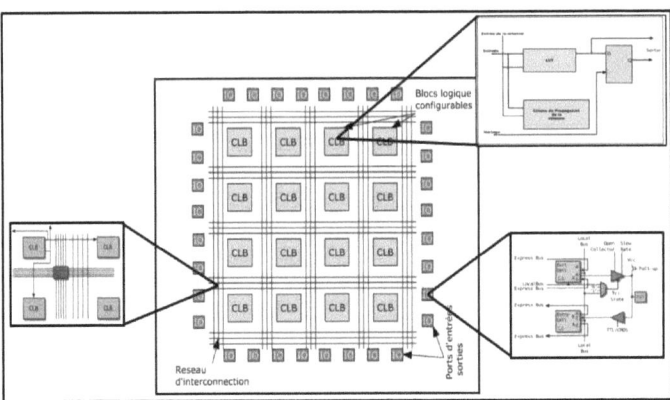

Figure 4. 1: Architecture interne d'un FPGA

Généralement, un circuit FPGA se compose de blocs logiques configurables, CLB : Configurable Logic Block. Ils sont reliés entre eux via un réseau d'interconnexion qui se composent d'une LUT : Look-Up Table à quatre entrées, d'une chaîne de propagation rapide de la retenue et d'un registre de sortie pour assurer la synchronisation des signaux. De même, un FPGA est constitué de blocs logiques d'entrées/sorties programmables IOB, de blocs RAM et de buffers trois états. La structure interne de l'architecture FPGA est donnée sur la figure 4.1.

Les deux leaders constructeurs des circuits programmables FPGAs sont Xilinx et Altera dont la firme Xilinx est légèrement dominante.

2.2. La carte Xilinx ML507s. Présentation générale

Le modèle de démonstration XILINX ML 507 est sélectionné comme environnement de développement, c'est la cible FPGA du système réalisé. La carte XILINX ML507 est de la famille VIRTEX-V (voir Annexe-A). Elle comprend des mémoires Flash, RAM et PROM. La figure 4.2 représente l'architecture détaillée de cette carte.

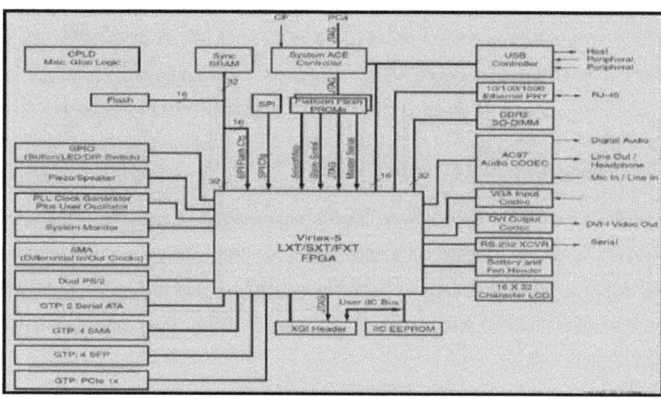

Figure 4. 2: Schéma de la carte XILINX ML507

Pour cette application de détection, on utilise la famille FX70T. Cette série de FPGA utilise, au maximum, une fréquence de 500 MHz. Elle comprend un noyau dur de processeur PPC440 qui peut avoir, pour les applications logicielles, jusqu'au 450 MHz de fréquence de fonctionnement maximale. Pour notre application, seulement les FPGAs logiques sont utilisées.

2.3. Les mémoires de configuration de l'FPGA

Selon l'option de la mémoire de configuration, les constructeurs des FPGAs peuvent être regroupés en deux groupes. Un premier groupe, tel que les compagnes Xilinx et Altera, utilise des mémoires de configuration à base de RAM. Un deuxième groupe, comme par exemple Actel, utilise des mémoires de configuration à base de flash.

Les mémoires RAM des FPGAs sont de type volatile. À chaque mise en hors tension, la mémoire est aussi effacée. Pour cela, à chaque mise sous tension il est impératif de configurer le FPGA par une mémoire externe de type non-volatile. Ce qui n'est pas le cas pour les mémoires flash, qui n'ont pas besoin d'une mémoire externe puisque les mémoires flash sont de type non-volatile.

Egalement et comme il n'existe pas de chargement du fichier de configuration dans les FPGAs à mémoire flash, le temps d'initialisation de ces FPGAs est de l'ordre de quelques microsecondes. Toutefois, pour les FPGAs à mémoires RAM, le temps d'initialisation est de l'ordre de quelques millisecondes. Il dépend de la taille mémoire de configuration du FPGA et de la bande passante de la mémoire non-volatile pour le transfert du fichier de configuration de la mémoire non volatile vers le FPGA.

Pour le cas de la carte de démonstration ML507, la mémoire utilisée pour stocker le fichier de configuration est de type PROM. Après la mise sous tension, le fichier de configuration est chargé à partir d'une mémoire PROM vers le FPGA. Si le FPGA est configuré avec succès, il est prêt à l'utilisation. Cela est connu par l'allumage d'une diode d'indication 'DONE'. En cas d'erreur, une autre diode s'allume indiquant 'ERREUR'.

2.4. La mémoire flash de l'FPGA

Les modèles FPGA qui incorporent des systèmes embarqués logiciels utilisent des processeurs à base des mémoires externes volatiles pour exécuter les codes logiciels. Ces systèmes doivent comporter un dispositif non-volatile pour stocker le logiciel au cours de la mise hors tension. Après la mise sous tension, une petite application stockée dans la mémoire de configuration démarre et lie le logiciel de la mémoire non-volatile à la mémoire volatile. Par conséquent, une puce de mémoire flash linéaire est utilisée. L'interface de la mémoire flash est donnée sur la figure 4.3 suivante :

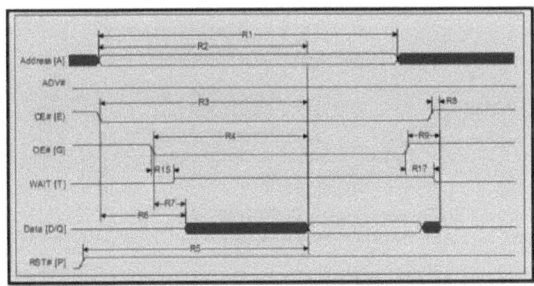

Figure 4. 3: Interface de la mémoire flash

2.5. SDRAM DDR2

DDR2SDRAM est une mémoire des instructions (applications). Après copiage des applications logicielles à partir de la mémoire flash dans la mémoire DDR2SDRAM, les applications seront prêtes à l'exploitation par la mémoire DD2SDRAM qui est de taille 256 Mo. La carte de démonstration ML507 a également un autre type de mémoire dans laquelle les instructions (les applications) peuvent être stockées sauf que les mémoires de type SRAM sont plus lentes et plus chères, donc DDR2SDRAM est sélectionnée pour la mémoire des applications. Dans notre cas, l'application est la corrélation entre les modèles de la base de données et l'image après opérations morphologiques.

3. Xilinx System Generator : Outil de modélisation niveau système

Le FPGA est un circuit intégré à base de semi-conducteur qui inclut plusieurs ressources logiques, plusieurs multiplexeurs et bien évidemment des blocs RAM pour mettre en œuvre les calculs complexes des architectures à concevoir. Pour réaliser une architecture matérielle, le concepteur utilise généralement le langage de programmation VHDL. Une fois le code VHDL est prêt, selon un flot de conception typique, l'environnement intégré (Xilinx ISE Design Suite) de chez Xilinx permettra de simuler l'architecture à plusieurs étapes tout au long du processus de conception. Ainsi, on peut facilement déduire que l'étape la plus difficile est celle qui consiste à réaliser le code VHDL. Pour cela, nous utilisons l'outil XSG.

System Generator est un outil de modélisation de niveau système qui facilite la conception des architectures dédiés pour les FPGAs. Cet outil a démontré son efficacité en termes de conception dans plusieurs domaines par plusieurs chercheurs. Ladgham et al. [141] ont utilisé l'outil Xilinx System Generator pour réaliser une architecture de détection des bactéries et des Alga dans des images microscopiques. Allin Christe et al. [142] ont eu recours à l'outil XSG pour réussir l'implémentation d'un outil de filtrage des tumeurs dans des images IRM. Plusieurs autres travaux ont été utilisés pour réussir l'implémentation des architectures sur FPGA en utilisant Xilinx System Generator [143, 144].

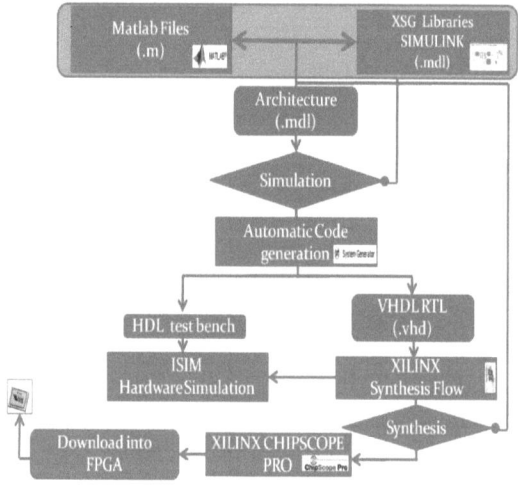

Figure 4. 4: Flot de conception de system generator [138]

XSG est un outil de modélisation de niveau système qui facilite la conception des FPGA. Il étend Simulink par nombreux moyens pour fournir un environnement de modélisation qui est bien adapté à la conception matérielle. L'outil fournit aussi des abstractions de haut niveau qui sont automatiquement compilées dans un FPGA. L'outil permet également d'accéder aux sous-jacents des ressources des FPGAs par le biais des abstractions de bas niveau, permettant la construction des conceptions très efficace des FPGAs [138]. Le flot de conception de cet outil de programmation est élucidé dans la figure 4.4 ci-dessus.

System Generator maintient un niveau d'abstraction tout à fait conforme avec les blocksets Simulink traditionnels qui se traduisent par des réalisations matérielles qui sont fidèles, synthétisables et efficaces. La mise en œuvre est efficace grâce à l'instanciation des blocs existants qui fournissent une gamme de fonctionnalités à partir des opérations arithmétiques à des fonctions complexes de traitement.

Simulink fournit un environnement graphique pour la création et la modélisation des systèmes dynamiques. System Generator se compose d'une bibliothèque appelée 'the Xilinx blockset' qui est utilisée sur Simulink pour la création des applications telles que celle demandée dans ce projet (**Segmentation bi-niveaux des images médicales IRM**).

Les modèles ainsi réalisés ont une extension (.mdl). Par la suite, le code VHDL de niveau RTL sera généré automatiquement par System Generator avec les noyaux des modèles réalisés et qui seront enregistrés dans des emplacements spécifiés par l'utilisateur. Ce code VHDL sera, ensuite, synthétisé par l'outil de Xilinx ISE pour qu'il soit enfin implémenté sur le FPGA cible via l'outil Xilinx ChipScope Pro.

En effet, les fichiers HDL seront synthétisés. Puis, les modèles logiques seront convertis en fichiers physiques. En se basant sur le modèle de la carte FPGA choisie, l'outil ISE fournira le mapping, l'emplacement et le routage, le rapport temporel statique et la génération de rapport BIT.

En outre, ModelSim peut être utilisé pour simuler le modèle comportemental. Enfin, le fichier Bitstream est téléchargé sur le FPGA, où la vérification de conception prend place à l'aide de l'analyseur logique ChipScope pro pour Xilinx.

4. Première architecture de segmentation d'images IRM cérébrales [145, 146]

Dans le but de s'initier avec l'outil de conception matérielle, nous commençons la segmentation des images médicales IRM cérébrales par la plus basique des opérations : la segmentation par seuillage simple. Généralement, le seuillage simple nécessite, soit la connaissance au préalable du seuil à appliquer, soit l'application de plusieurs tests jusqu'à l'obtention du seuil optimal expérimentalement. Pour ce faire, on ajoute des opérations morphologiques dans le but d'améliorer la qualité d'image obtenue après seuillage binaire (figure 4.5).

Tout d'abord, l'étape d'acquisition est indispensable pour télécharger l'image dans les registres du FPGA. Ensuite, une étape de conversion de l'espace RGB vers l'espace niveaux de gris est appliquée. Cette étape est nécessaire et elle sera utilisée dans toutes les architectures qui viennent après. Finalement, on applique les deux opérations morphologiques sur l'image médicale binaire obtenue en sortie pour avoir une image améliorée. Après, on affiche l'image sur l'écran d'affichage. L'outil XSG permet l'affichage des signaux de type image. Donc, il sera toujours possible de présenter les résultats de segmentation des images IRM cérébrales par les différentes architectures réalisées pour évaluer et comparer les résultats.

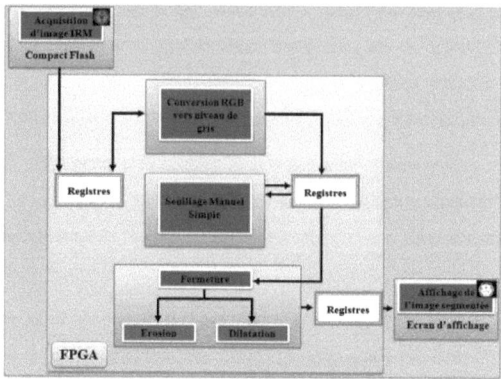

Figure 4. 5: Architecture de segmentation d'images IRM cérébrales à base de seuillage manuel simple

Dans cette partie, nous décrivons les différentes étapes de l'architecture de segmentation par seuillage manuel simple ainsi réalisée bloc par bloc :

4.1. Acquisition des données en utilisant l'outil XSG

En général, une image est un signal bidimensionnel qui est représentée par une matrice à trois ou à deux dimensions au minimum. Dans notre cas, nous commençons par la conversion de l'espace RGB vers l'espace de niveaux de gris pour avoir seulement une matrice à deux dimensions.

La programmation matérielle nécessite, pour chaque bloc de l'architecture, l'application d'un ensemble d'opérations sur l'image, ce qui offre la possibilité de bénéficier de la programmation en pipeline (Programmation parallèle). Ainsi, XSG manipule les images sous forme de vecteurs unidimensionnels au lieu de les manipuler sous forme de matrices à deux dimensions [147].

La conversion d'une matrice à deux dimensions en un vecteur à une seule dimension est nécessaire et se fait d'une manière automatique. Ce vecteur de pixels peut être stocké dans des registres, pendant l'exécution (Mémoire RAM), et dans une mémoire ROM pour enregistrer les images à la fin des opérations de traitement. La figure 4.6 illustre la conversion de l'image.

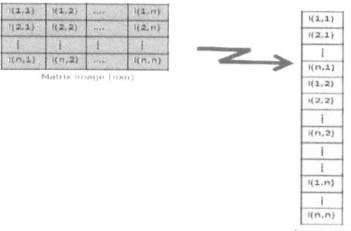

Figure 4. 6: Acquisition de données

Un pixel à la position (x,y) dans l'image originale prendra la position $(y-1) \times n + x$ dans le vecteur de sortie.

4.2. Conversion des espaces de couleur

La conversion de l'espace « RGB » vers l'espace « niveau de gris » obéit, tout simplement, à l'équation suivante :

$$Y = 0.299R + 0.587G + 0.114R \qquad (4.1)$$

Les trois composantes R, G et B sont classées en trois registres. Chaque registre contient 65536 valeurs se réfèrent à la taille de l'image qui est 256 x 256 pixels. Ces données sont, ensuite, envoyées à des registres de vecteurs, comme expliqué dans la partie précédente, pour les utiliser dans la conversion donnée par l'équation 4.1. Le nombre de multiplieur utilisé est de 3 et le nombre d'additionneurs est égal à 2. Le traitement des données est effectué en parallèle pour donner plus de gain en termes de temps de calcul. La latence est utilisée pour compenser le décalage temporel entre deux phases successives de calcul. Dans la figure 4.7, nous présentons le schéma exploré du bloc de conversion RGB vers les niveaux de gris.

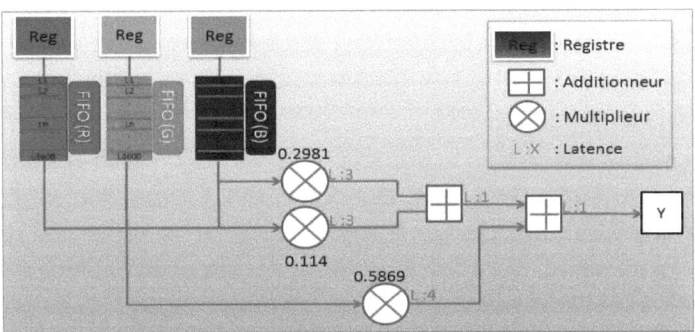

Figure 4. 7: Bloc de conversion RGB vers niveaux de gris (Y)

Chaque composante de couleur R, G et B est défini sur 8 bits. Cela définit un certain nombre de nuances de gris pris en charge par 256 palettes. Après la conversion, on utilise une seule composante Y.

4.3. Segmentation à base du seuillage binaire

Le seuillage est une opération de traitement qui modifie la représentation numérique d'une image [148]. Cette opération transforme l'image originale en une image binaire. Chaque pixel, s'il est en dehors d'une plage spécifiée, sera illuminé. L'histogramme est traité en fonction du choix de l'utilisateur des valeurs de seuil. Une image f (x, y) de seuil T peut être déterminée par une fonction test qui est représentée comme suit :

$$f(x) = \begin{cases} 0 & \text{Si } f(x) < T \\ 1 & \text{Sinon} \end{cases} \qquad (4.2)$$

Pour réaliser cette opération de seuillage et pour l'implémenter sur FPGA, nous utilisons un simple comparateur comme décrit sur la figure 4.8 :

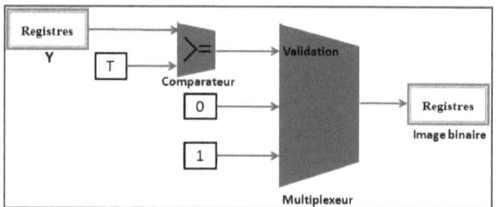
Figure 4. 8: Bloc de segmentation par seuillage simple

Le seuillage est appliqué pour ressortir les régions d'intérêt : ROI (Region of Interest). Etant donné que la composante Y mémorisée dans un registre du FPGA dans le processus de conversion de niveaux de gris de l'image, le processeur lit les valeurs de pixels et les compare à un seuil. Les pixels qui ont une valeur supérieure à ce seuil sont fixés à 1. Tandis que, ceux qui sont en dessous de la valeur seuil seront égal aux 0. Finalement, les valeurs de pixels seront stockées dans un nouveau registre.

4.4. La fermeture

Les opérations morphologiques concernent l'étape de prétraitement d'image dont le rôle est d'améliorer la qualité de l'image en éliminant le bruit. Typiquement, l'image peut être soumise à deux opérations de prétraitement : La fermeture et l'ouverture.

Dans ce travail, et afin d'éliminer les pixels des frontières dans l'image contenant les ROI, on a procédé à l'opération de fermeture de l'image binaire. En VHDL, les opérations morphologiques sont fondées sur les systèmes de fenêtrage mobiles. L'opération de fermeture est basée sur une dilatation suivie par l'érosion. La dilatation est une opération qui s'applique sur les matrices. Pour cela, on doit tout d'abord penser à adapter l'information stockée dans les registres après seuillage. Cette adaptation consiste à convertir, sous forme d'une matrice, les pixels qui arrivent au FIFO en données désordonnées en des données ordonnées. L'idée de fermeture est basée sur le fenêtrage. Prenons un exemple d'une matrice de taille 3x3 pixels. Il suffit de prendre les trois premiers pixels en les mettant dans trois registres successifs puis dans un FIFO. Ensuite, on fait passer pixel par pixel en mettant chacun dans un registre, puis un autre FIFO. En total, on a donc besoin de deux FIFO et de sept registres.

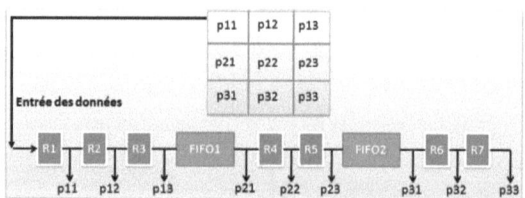
Figure 4. 9: Architecture de génération des fenêtres

Afin de réaliser l'opération de fermeture, nous exploitons l'architecture de génération des fenêtres. Nous commençons, tout d'abord, par expliquer l'architecture de la dilatation. L'idée consiste à utiliser un masque de taille 3x3 pixels (fenêtre). Nous plaçons ce masque sur un pixel et nous faisons pivoter pixel par pixel pour tester toute l'image. Le pixel sous test (Under test) U_t est à faire sortir par un multiplexeur qui est normalement dans la case $f(2, 2)$ de la matrice fenêtre. De même, via un autre multiplexeur, nous faisons sortir les autres pixels. La sélection des pixels via les deux multiplexeurs se fait en parallèle. Si le pixel central (U_t) est un pixel fond, nous regardons donc les autres pixels du deuxième multiplexeur. En effet, si un parmi les autres pixels est un pixel objet, alors on convertit le pixel U_t en un pixel objet. Sinon, on le garde en tant que fond. Maintenant, si U_t est un pixel objet on le garde en tant qu'objet et on le fait sortir directement (figure 4.10).

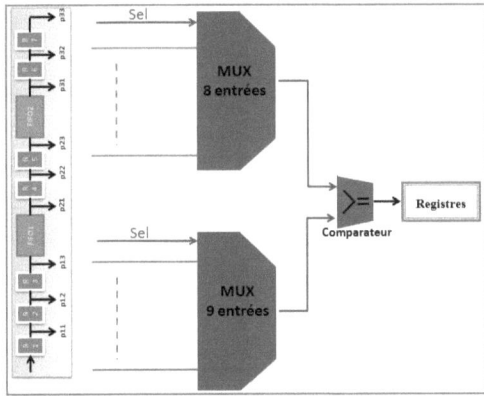

Figure 4. 10: Schéma blocs de Dilatation/Erosion

Pour le cas de l'érosion, nous commençons, tout d'abord, par tester le pixel U_t. S'il est de type fond, il faut le faire sortir directement sans aucun changement. Si le pixel est de type objet, nous devons vérifier, un par un, le type des autres pixels qui passe par l'autre multiplexeur. S'il existe au moins un seul pixel de type fond, la valeur de pixel U_t serait de type fond aussi.

4.5. System Generator : Génération du code VHDL

L'architecture matérielle pour la segmentation d'images médicales consiste en l'association de tous les blocs expliqués auparavant. Après acquisition de l'image du compact flash aux registres FPGA, l'image sera convertie à partir de l'espace RGB aux niveaux de gris. Ensuite, l'opération de seuillage sera traitée. Finalement, on termine par l'opération de fermeture. Cette architecture de segmentation bi-niveaux a été réalisée sur Simulink de Matlab. La génération du code VHDL se fera automatiquement à l'aide de l'outil XSG. Une fois que le code est généré, nous synthétisons le programme obtenu en décrivant le langage haut niveau (VHDL) et nous obtiendrons, donc, l'architecture de segmentation finale. C'est le modèle RTL de cette architecture générée par le générateur de système pour être synthétisé et mis en œuvre dans le FPGA (Voir Annexe B). Pour terminer, nous générons le code bitsrteam et nous le téléchargeons dans le FPGA cible pour vérifier le résultat final du travail.

Les sorties de la segmentation sont des images binaires de taille 256 x 256. Dans la figure 4.11, ci-dessous, nous donnons le résultat de segmentation appliquée sur une image IRM de cerveau pondérée en T1, coupe axiale, après segmentation bi-niveaux.

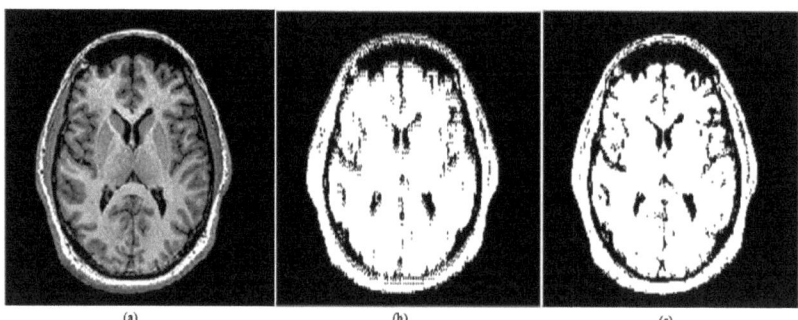

Figure 4. 11: Résultat expérimental, (a) Image IRM cérébrale, (b) étape segmentation, (c) étape après fermeture

L'architecture a été implémentée sur une cible Virtex 5 ML507, plate-forme XC5VSXT. Le paramètre le plus important dans l'utilisation des ressources est le nombre de bascules électroniques utilisé dans les FPGAs. Les bascules inutilisées (Unused Flip Flops) montrent la disponibilité de la logique du FPGA. Le deuxième paramètre important dans l'utilisation des ressources du FPGA est la mémoire utilisée. Les besoins en mémoire de petites tailles peuvent être remplis en utilisant la RAM sur puce externe. Le tableau 4.1 regroupe les utilisations des ressources de l'architecture matérielle. Dans cette architecture, seulement 2% des ressources logiques FPGA (Flip Flop) et 3% des buffers (mémoire RAM) sont utilisées.

Tableau 4. 7: Utilisation des ressources pour l'architecture matérielle pour le système de segmentation des images IRM à base du seuillage binaire

Logic Slice utilization	Used	Available	Utilization
No. of Slice Registers	552	21.760	2%
No. of used as Flip Flops	552		
No. of Slice LUTs	415	21.760	1%
No. of used as logic	247	21.760	1%
No. of used as Memory	160	8.320	1%
No. of occupied Slices	194	5.440	3%
No. of LUT Flip Flop pairs used	587		
No. with an unused Flip Flop	35	587	5%
No. with an unused LUT	172	587	29%
No. of fully used LUT-FF pairs	380	587	64%
No. of bonded IOBs	55	360	15%
IOB Flip Flops			
No. of BlockRAM/FIFO	3	84	3%
No. using BlockRAM only	3		
Total memory used(KB)	72	3.024	2%

Après avoir réalisé une architecture de segmentation bi-niveaux basée sur le seuillage manuel simple et après avoir manipulé l'outil XSG en vue de nous initier avec, nous passons à la partie la plus importante qui concerne la proposition des architectures de segmentation à base de l'algorithme MMPSO pour la segmentation bi-niveaux.

5. HAPSO : Hardware Architecture based on PSO

L'architecture de segmentation bi-niveaux basée sur le seuillage manuel simple, déjà réalisée dans la partie précédente, présente plusieurs inconvénients : le seuil déterminé n'est pas adaptable. En effet, le seuillage manuel simple ne permet pas de déterminer une solution optimale applicable pour toutes les images. C'est un seuil défini par l'utilisateur qui va être introduit initialement. De plus, la correction et l'amélioration suivant le résultat obtenu vont être effectuées par le bloc de fermeture.

Cet inconvénient majeur va être résolu par l'utilisation de l'algorithme métaheuristique basé PSO déjà étudié et validé dans le chapitre précédent. Dans cette partie du rapport, nous présentons l'architecture de segmentation bi-niveaux basée sur l'algorithme PSO conventionnel. Ensuite, on passera à la présentation de l'architecture de segmentation des images IRM cérébrales basée sur l'algorithme MPSO, qui représente une version améliorée de celle basée PSO.

En effet, comme déjà expliqué dans le chapitre précédent, l'algorithme MPSO est basé sur l'algorithme « PSO » avec proposition d'une nouvelle fonction fitness. Donc, nous présentons, dans un premier temps, l'architecture « PSO » qui se base essentiellement sur les équations de mise à jour et la relation avec la fonction objectif d'évaluation. Ensuite, dans un deuxième temps, nous présentons la fonction fitness améliorée.

5.1. Architecture matérielle de segmentation bi-niveaux basée PSO conventionnel : Présentation générale [149, 150]

Dans cette partie, nous proposons une architecture matérielle de segmentation bi-niveaux d'images IRM cérébrales basée sur PSO (HAPSO). Cette architecture a pour but de contrôler la recherche du seuil optimal et de converger avec une vitesse rapide qui permet de répondre à l'exigence de temps réel du notre application. Tout d'abord, nous commençons par l'implémentation de l'algorithme PSO conventionnel pour pouvoir, après, comparer entre l'architecture basée sur l'algorithme amélioré MPSO et celle donnée par l'algorithme PSO conventionnel. De même, le nombre de particules utilisé est égal à celui utilisé dans le chapitre précédent quand le logiciel Matlab a été exploité. Ce choix a été effectué pour pouvoir, finalement, comparer le résultat de segmentation donné par l'outil XSG avec le résultat donné précédemment par Matlab.

Sur la figure 4.12, nous présentons le système permettant de faire fonctionner l'architecture de segmentation pour pouvoir acquérir des résultats expérimentaux. Une fois l'image a été chargée dans les registres de l'FPGA à partir du compact flash, elle commence à être traitée. C'est la conversion de l'espace RGB vers l'espace des niveaux de gris qui débute, l'interruption de Start qui donne le signal de départ. Après, l'interruption " interruption de segmentation" active l'étape suivante : c'est la segmentation bi-niveaux à base de l'algorithme PSO.

Finalement, après avoir reçu la troisième interruption "interruption Fin traitement", on obtiendra l'affichage du résultat.

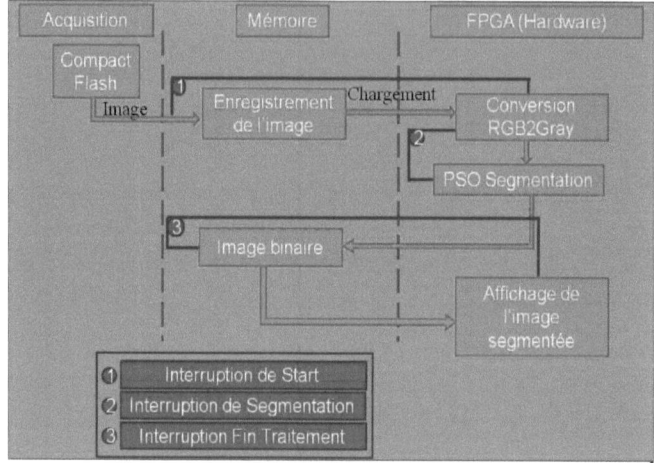

Figure 4. 12: Architecture matérielle de HAPSO [150]

Dans ce paragraphe, on ne s'intéresse qu'à la partie qui concerne l'architecture de segmentation bi-niveaux à base de l'algorithme PSO conventionnel.

Comme déjà mentionné auparavant, dans le chapitre 3, on essaye de traduire l'algorithme proposé dans le tableau 4.2. En effet, chaque valeur de position et de vitesse de particules est aléatoirement initialisée. Après, chaque particule ajuste sa position suivant sa meilleure position et la meilleure position globale de tout l'essaim. L'équation de mise à jour de la position étant :

$$v_i^{k+1} = w^k v_i^k + c_1 \times rand1() \times (p_i - x_i^k) + c_2 \times rand2() \times (p_g - x_i^k) \quad (4.3)$$

$$x_i^{k+1} = v_i^{k+1} + x_i^k \quad (4.4)$$

avec x_i et v_i sont, respectivement, la position et la vitesse de la particule i ; p_i et p_g sont la meilleure position personnelle de la particule et la meilleure position d'essaim ; C_1, C_2 et w sont des constantes, respectivement ; un paramètre de contrôle de la composante cognitive, un paramètre de contrôle de la composante sociale et un coefficient d'inertie.

Ainsi, l'architecture de segmentation bi-niveaux basée sur l'algorithme PSO conventionnel est donnée dans la figure 4.13 :

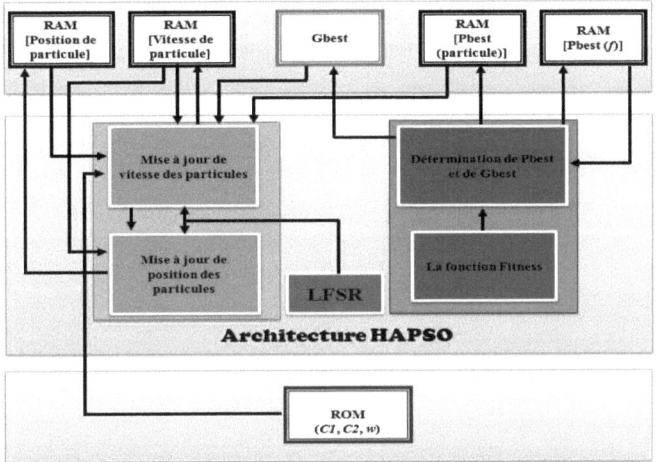

Figure 4. 13: Blocs internes de l'architecture matérielle HAPSO [150]

La figure 4.13 présente trois types de mémoires utilisées. La mémoire ROM contient les valeurs calculées et introduites par l'utilisateur des paramètres C_1, C_2 et w. Les mémoires RAM contiennent les valeurs des paramètres qui changent après chaque itération. La valeur du meilleur seuil global est le paramètre recherché. Elle est stockée dans un registre. Les quatre blocs, respectivement, de mise à jour de vitesse et de position, de fonction fitness et de la détermination de P_{best} (P_i) et de G_{best} (P_g), avec le dernier bloc qui concerne la composante LFSR vont être détaillés bloc par bloc.

5.1.1. Mise à jour de la vitesse et de la position

Le bloc de mise à jour de vitesse n'est que l'implémentation matérielle de l'équation 4.2 en utilisant les composantes de base de la bibliothèque XSG. Initialement, la composante LFSR génère des valeurs de vitesses initiales qui vont être stockées dans les mémoires RAM. Ensuite, pour mettre à jour la valeur de vitesse, ce bloc a besoin de ces paramètres : vitesse précédente de particule, position précédente de particule, P_{best} (meilleure valeur de la particule en cours).

Tous ces paramètres sont déjà stockés dans des RAM, G_{best} (meilleure valeur de toutes les particules qui ont été déjà passées par l'opération de mise à jour) à partir du registre et des paramètres C_1, C_2 et w à partir de la mémoire ROM. Après avoir finir tous les calculs, ce bloc cède la nouvelle valeur de la vitesse de la particule en cours au bloc de mise à jour de position. Le bloc de mise à jour de position a besoin encore de la valeur précédente de la vitesse obtenue, déjà stockée dans une RAM, pour que la position soit mise à jour. Finalement, les nouvelles valeurs de vitesse et de position de particule seront stockées dans "Position de particule" et "Vitesse de particule" dans des RAM. L'architecture interne des blocs de mise à jour de la position et de la vitesse est présentée dans la figure 4.14.

Pour réussir ce bloc, on utilise 5 multiplieurs, 2 soustracteurs et 3 additionneurs. Lors de la conception du matériel, les multiplieurs nécessitent une grande quantité d'opérateurs logiques ce qui engendre un temps de calcul important.

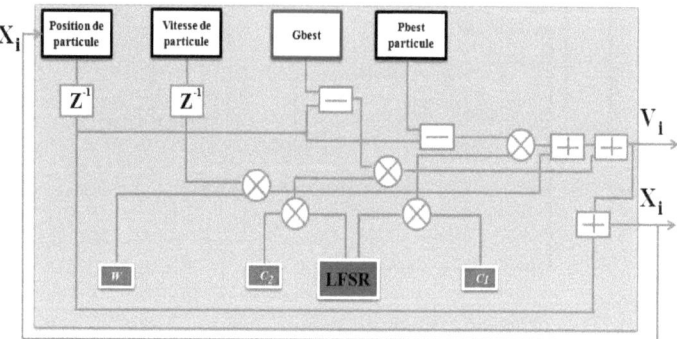

Figure 4. 14: Bloc de mise à jour de la vitesse et de la position

5.1.2. Utilisation de la fonction fitness pour la détermination de P_{best} et de G_{best}

Le rôle de ce bloc est de comparer la valeur fitness de la position de la particule en cours, P_{best} (f), avec celle de la position de la particule précédente déjà enregistrée, P_{best} (particule), pour déterminer la nouvelle valeur, P_{best} (particule), de l'itération en cours. A la fin de la boucle, la valeur de G_{best} est déterminée en s'appuyant sur le pseudo-code donné dans le tableau 4.2 suivant :

Tableau 4. 2: Pseudo-code de détermination de P_{best} et de G_{best}

```
if Pbest(i) < fitness(i)
       Pbest(particle)=fitness(i)
  else
       Pbest(particle)= Pbest(i)
end
Gbest=Pbest(particle)
```

L'architecture ainsi réalisée est simple. Le pseudo-code donné dans le tableau 4.2, ci-dessus, pour la détermination de P_{best} et de G_{best} sera écrit dans deux fonctions M-code respectivement fun_Pbest et fun_Gbest (Voir Annexe C).

5.1.3. La fonction Objectif : Détermination d'histogramme

La détermination de la fonction fitness est l'étape la plus importante de l'algorithme PSO. Le choix de cette fonction est déterminant dans la qualité du résultat. La fonction fitness est la fonction objectif qui évalue la qualité de la position et, donc, le déplacement des particules est fonction de cette valeur. Dans cette partie, puisqu'on est dans le cas de réalisation d'une architecture de segmentation basée sur l'algorithme PSO conventionnel, on utilise la fonction fitness donnée par cet algorithme. Elle consiste à la détermination de l'histogramme. La fréquence d'apparition des pixels permet d'évaluer facilement la situation actuelle. Par conséquent, la décision d'aller ou non à la nouvelle position serait plus simple.

Etant donnée « b » un paramètre tel que, $1 \prec b \prec h$; h est le nombre Histogramme et I_i est la valeur d'intensité du pixel dans la $i^{ème}$ position. La fonction fitness $F(b)$ est donnée par l'équation 4.5 suivante :

$$F(b) = \frac{1}{n}\sum_{i=1}^{n} \delta(I_i - b) \qquad (4.5)$$

avec : $\delta(k) = \begin{cases} 1 & \text{si } k = 0 \\ 0 & \text{sinon} \end{cases}$

Pour réussir l'architecture complète de segmentation basée PSO conventionnelle, on essaye d'implémenter la fonction histogramme. La fonction fitness consiste à la détermination de l'histogramme qui regroupe le nombre de répétitions de chaque intensité de niveaux de gris compris entre [0, 255], pour un nombre total de pixels qui dépasse les soixante mille pixels. L'idée est de penser aux multiplexeurs avec des compteurs pour compter le nombre de répétitions pour la même valeur de niveaux de gris sur le nombre total de pixels. L'architecture finale est donnée dans la figure 4.15.

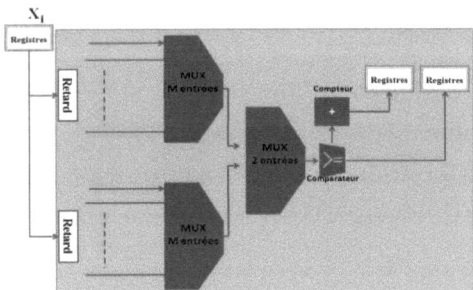

Figure 4. 15: Bloc de la fonction fitness

A partir de la figure 4.15, on remarque qu'on a utilisé trois multiplexeurs à N entrées correspondant au nombre de particules (population de l'essaim égale à N particules (pixels)), des blocs de retard (delay), un compteur, un comparateur et un accumulateur. D'abord, on utilise les blocs de delay pour avoir N particules en même temps t. Les multiplexeurs permettent le stockage de la population N fois de façon successive. Ensuite, on utilise un comparateur pour comparer chaque pixel de la population avec les valeurs de niveaux de gris possibles pour chaque particule à l'instant (t-j ; j [1, N]). Puis, on utilise un compteur pour déterminer le nombre de pixels pour chaque valeur du niveau de gris (histogramme), tous les deux seront stockés chacun dans un accumulateur, le premier contient le nombre de répétitions et le second contient la valeur elle-même.

5.1.4. Génération des nombres aléatoires

Pour réussir cet algorithme, deux numéros aléatoires sont nécessaires pour chaque mise à jour de la vitesse. Pour i itérations et p particules, on aura, en total, un nombre égal à $2 \times i \times p$. Les nombres pseudo-aléatoires sont générés en utilisant l'outil matériel PRNG (Pseudo-Random Number Generator).

Dans la plupart des travaux, typiquement les registres linéaires de rétroaction de décalage (LFSR : Linear Feedback Shift Registers) et les automates cellulaires (AC : cellular automata) basés PRNG sont les plus utilisées [151]. LFSRs sont plus simples à implémenter. Ils sont utilisés dans la plupart des implémentations matérielles. Un LFSR est illustré dans la figure 4.16. Le bit le plus à gauche est calculé sur la base de la valeur précédente générée et les bits dans le registre sont décalés vers la droite.

Figure 4.16: Principe de fonctionnement d'un LFSR

A chaque front montant de l'horloge, le bit de gauche s_i constitue la sortie de registre. Les autres sont décalés vers la gauche ; le nouveau bit s_{i+L} placé dans la cellule de droite du registre est donné par une fonction linéaire :

$$S_{i+L} = c_1 S_{i+L-1} + c_2 S_{i+L-2} + \ldots + c_{L-1} S_{i+1} + c_L S_i \qquad (4.6)$$

où les coefficients c_i sont binaires.

5.2. Expérimentations

5.2.1. Hardware Architecture based on PSO

On donne sur la figure 4.17 l'architecture HAPSO générale pour la segmentation bi-niveaux des images IRM cérébrales basée PSO. On remarque très bien que cette architecture contient au début un bloc de lecture et à la fin un bloc d'affichage.

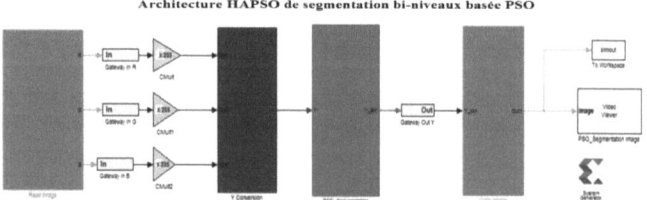

Figure 4.17: Architecture HAPSO réalisée sur XSG

L'outil XSG permet d'afficher les images après simulation. Cette opération est obtenue par les deux composantes Gateway In et Gateway Out pour lire l'image IRM et pour afficher le résultat de segmentation respectivement comme donné sur la figure 4.18 :

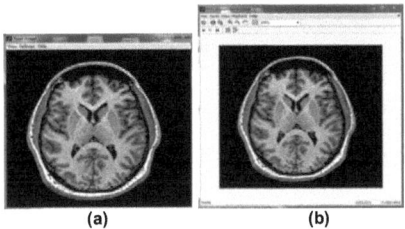

Figure 4. 18: Lecture/Ecriture des images IRM cérébrales par XSG

De même, la partie qui concerne la conversion de l'espace RGB vers le niveau de gris est expliquée dans la section § 3.2. Les autres blocs ainsi que les schémas RTL des blocs de l'architecture détaillés sont donnés dans l'annexe C.

5.2.2. Condition d'expérimentations

Une architecture software basée PSO utilise, souvent, des valeurs à virgule flottante. Toutefois, les opérations en virgule flottante nécessitent, généralement, plusieurs ressources logiques pour la même opération en virgule fixe similaire. En outre, il est courant que les FPGAs incluent un certain nombre de multiplicateurs embarqués qui peuvent être utilisés pour effectuer des multiplications en virgule fixe sans utiliser de la logique programmable des FPGAs. Cela permet de gagner en termes de ressources, mais il engendre un résultat de segmentation moins proche de celui donné par la segmentation software.

Pour ces raisons, l'implémentation de l'architecture matérielle de segmentation basée PSO utilise la représentation en virgule flottante pour toutes les valeurs. En utilisant l'outil XSG, il est facile de manipuler des valeurs réelles en virgule flottante. En outre, dans cette partie de travail, on propose une version matérielle asynchrone de l'algorithme PSO. En effet, pendant l'étape de mise à jour des équations de la vitesse et de la position, la mise à jour de la vitesse et de la position se fait en se basant sur la valeur de la particule courante en la comparant avec la valeur déjà stockée précédemment dans le registre. C'est-à-dire qu'on n'attend pas à ce que la fonction fitness soit calculée pour la totalité de l'essaim.

Donc, les étapes sont données dans cet ordre :

Etape 1 : Initialisation des paramètres des registres : Pour l'itération initiale, une vitesse aléatoire et une position aléatoire seront assignées aux particules de l'essaim.

Etape 2 : La vitesse et la position seront calculées en utilisant les deux équations 4.3 et 4.4.

Etape 3 : Calcul de la fonction fitness de chaque particule et mise de P_{best} et de G_{best} avec la vitesse et la position après.

Etape 4 : Détermination de G_{best} global.

Pour un nombre de N particules et pour une architecture asynchrone, la distribution des étapes en fonction du temps est effectuée comme le montre la figure 4.19 :

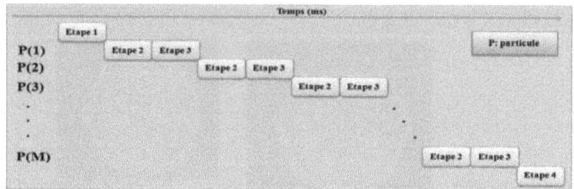

Figure 4. 19: Partitionnement temporel des tâches de l'architecture asynchrone HAPSO

5.2.3. Expérimentations : Application des images IRM cérébrales sur l'architecture HAPSO

L'outil XSG permet, à la fois, de concevoir l'architecture et de générer automatiquement le code VHDL. La composante "System Generator" disponible à la bibliothèque de XSG permet de contrôler les paramètres du système, de choisir la cible de la carte FPGA et de simuler l'architecture. Elle est aussi utilisée pour invoquer la génération du code sous Xilinx ISE version 12.3. A l'ajout de ce bloc, une architecture est déjà réalisée. Il est possible de spécifier comment devraient être traitées la génération du code VHDL et bien évidemment la simulation. Les paramètres qui peuvent être édités sont :

- Le constructeur FPGA et la carte de la plateforme souhaitée ;
- Le langage de description (VHDL, Verilog…) ;
- L'outil de synthèse ;
- L'horloge du FPGA.

Pour pouvoir visualiser le résultat de simulation des signaux utilisés, les fichiers de test et de simulation doivent être générés. Pour ce faire, on doit cocher la case "Create testbench" comme donné sur la figure 4.20. Finalement, on clique sur le bouton "Generate".

Figure 4. 20: Paramètres de la composante "System Generator" de XSG

On procède à l'étape de génération du VHDL ainsi que la visualisation du résultat expérimental. La génération du code de niveau RTL de cette l'architecture HAPSO de segmentation bi-niveaux des images IRM cérébrales s'est faite avec succès. Pour une image IRM à l'entrée convertie en niveaux de gris, on commence par donner un résultat de segmentation appliquée sur une image IRM de cerveau pondérée en T1 de dimension 250 x 250 pixels. Le résultat de segmentation par l'architecture HAPSO est présenté sur la figure 4.21. Les paramètres initiaux utilisés pendant la simulation de l'architecture matérielle HAPSO sont les mêmes qui ont été utilisés pour simuler le résultat software sur Matlab. Ces paramètres sont donnés dans le tableau 4.3 :

Tableau 4.3: Les paramètres utilisés pour l'architecture HAPSO

Paramètres	Valeurs
Nombre de particles (N)	50
Nombre d'itérations	100
Le coefficient (C_1)	0.5
Le coefficient (C_2)	0.5
Le poids d'inertie (w)	0.5

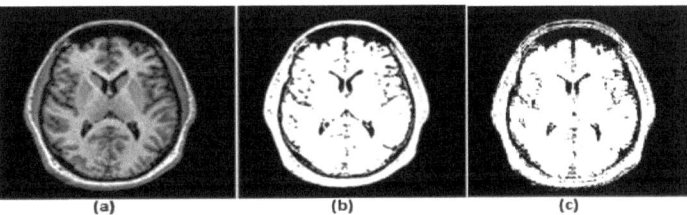

Figure 4. 141: (a) Image IRM de cerveau pondérée en T1, (b), Segmentation software par PSO en utilisant l'outil Matlab (c) Segmentation matérielle par HAPSO en utilisant l'outil XSG

Qualitativement, le résultat de segmentation bi-niveaux donné par l'architecture HAPSO est très encourageant. En effet, en comparant les deux figures 4.21.b et 4.21.c, on remarque qu'il y a une grande correspondance entre les deux figures. La quantité d'information est presque identique, légèrement en faveur du cas de la figure 4.21.b donnée par la segmentation software Matlab. Cela est tout à fait logique en se basant sur deux volets.

Le premier est le recourt à des opérations de calcul nécessitant l'utilisation des approximations. En effet, on utilise des arrondissements pour les valeurs à des puissances élevées. Pour la conversion de l'espace de couleurs RGB vers les niveaux de gris, la valeur 0.299 est arrondie à 0.2981, pour l'architecture HAPSO. Aussi, des opérations de divisions ont été remplacées par des opérations de multiplications. Ceci réduit l'utilisation des ressources logiques et aussi le temps nécessaire pour le calcul, mais en contre partie, amoindrie la qualité de segmentation donnée.

Le second volet est la capacité des processeurs de chaque architecture. HAPSO fonctionne sur une carte ML507 occupée de processeur 32 bits, alors que Matlab fonctionne sur un PC de processeur Intel 64 bits.

On donne dans le tableau 4.4 le temps d'exécution nécessaire pour déterminer le seuil global ainsi que le coefficient DiCE donné pour l'architecture HAPSO et pour l'algorithme PSO exécuté sur Matlab appliqué sur la même image.

Tableau 4.4: Temps d'exécution et coefficient DiCE

Operations	HAPSO	PSO
DSC entre Matlab et l'architecture hardware	0.8735	-
Temps d'exécution (s)	0.1235	43.26

Quantitativement, et en se référant au tableau 4.4, on remarque que le résultat de segmentation par les deux méthodes sont très proches, vu que les coefficients DiCE des deux images sont similaires à 87.35%.

Pour le temps d'exécution, le temps nécessaire pour déterminer le seuil optimal en utilisant Matlab est presque 300 fois plus long que celui nécessaire pour trouver le seuil optimal par l'architecture temps réel HAPSO. Donc, en se basant sur ce premier résultat donné par l'image IRM de cerveau pondérée en T1, on peut conclure, en terme de temps d'exécution, que l'architecture est plus satisfaisante que Matlab. Ce résultat peut être encore amélioré.

Egalement, le même résultat trouvé en terme de qualité par rapport au même algorithme en fonctionnement software. Autres images IRM ont été appliquées sur cet architecture, les images sont les mêmes que celles utilisées dans le chapitre précédent :

> Image IRM du cerveau pondérée en T2 montrant le cortex, le ventricule latéral et le falx cerebi (Coupe axiale) [I1]

> Image IRM du cerveau pondérée en T1 montrant le syeballs avec le nerf optique, le bulbe, le vermis et les lobes temporaux avec les régions hippocampiques (Coupe axiale) [I2]

> Image IRM de Corpus du cerveau Pondérée en T1 montrant le cortex de blanc et de matière grise, le corps calleux, le ventricule latéral, le thalamus, la protubérance et le cervelet (Coupe sagittale) [I3]

Le résultat de segmentation par application de l'architecture « HAPSO » sur les trois images IRM cérébrales citées ci-dessus est donné dans la figure 4.22.

Ces résultats, comme ceux donnés par la figure 4.21, montrent la ressemblance entre les figures 4.22.(b, e, h) et celles 4.22.(c, f, i). Cela signifie que l'architecture HAPSO révèle de bons avantages en termes de segmentation bi-niveaux.

Le dernier critère d'évaluation d'une telle architecture est l'utilisation des ressources logiques qui est un critère important et crucial. L'inconvénient majeur de cette architecture est l'utilisation des ressources. Pour une telle application de traitement d'images médicales, l'utilisation des ressources logiques de base du FPGA est très épuisante en adoptant cette architecture. Le tableau 4.5 présente l'utilisation des ressources de l'architecture matérielle réalisée.

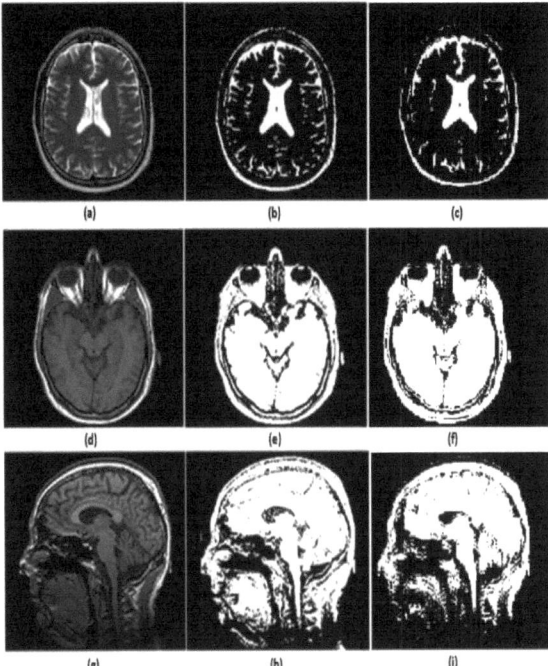

Figure 4. 22: Résultats expérimentaux, (a) Image IRM pondérée en T2 (Coupe axiale), (d) Image IRM pondérée en T1 (Coupe axiale), (g) Image IRM de Corpus de cerveau pondérée en T1 (Coupe sagittale), (b, e, h) Segmentation par PSO, (c, f, i) Segmentation par HAPSO

Tableau 4.5: Utilisation des ressources pour l'architecture matérielle pour la segmentation des images IRM basée PSO conventionnel

Logic Slice utilization	Used	Available	Utilization
No. of Slice Registers	2611	21.760	12%
No. of used as Flip Flops	2611		
No. of Slice LUTs	3514	21.760	16%
No. of used as logic	982	21.760	4%
No. of used as Memory	2246	8.320	27%
No. of occupied Slices	1002	5.440	18%
No. of LUT Flip Flop pairs used	3618		
No. with an unused Flip Flop	1524	3618	42%
No. with an unused LUT	781	3618	22%
No. of fully used LUT-FF pairs	1313	3618	36%
No. of bonded IOBs	155	360	43%
IOB Flip Flops	155		
No. of BlockRAM/FIFO	32	84	38%
No. using BlockRAM only	24		
Total memory used(KB)	1001	3.024	33%
No. of BUFG/BUFGCTRLs	21	32	66%
Number used as BUFGs	9		

Dans cette architecture, 12% des ressources logiques du FPGA (Bascules) et 38% des buffers (Mémoires) sont utilisées. Cela signifie que cette architecture n'est pas bonne en terme d'utilisation de ressource ce qui rend le coût de vente cher et le temps d'exécution, pour atteindre le meilleur seuil, sera élevé.

Pour remédier à ces inconvénients, on essaye de développer l'architecture de segmentation bi-niveaux basée sur l'algorithme MPSO développé et présenté dans le chapitre précédent. La nouvelle fonction fitness proposée peut réduire le taux d'utilisation des ressources logiques (Bascules) et des buffers (mémoires). En faite, il est très important de noter que ces deux paramètres égalent respectivement à 2% et à 9%, si on enlève l'architecture du bloc de la fonction fitness. Ce qui permet de conclure d'un bon choix de la fonction fitness peut réduire énormément ces deux paramètres.

6. Hardware Architecture based on MPSO

La proposition d'une architecture de segmentation bi-niveaux à base de l'algorithme PSO a été effectuée avec succès. Le résultat de segmentation donné par l'architecture HAPSO est satisfaisant en comparaison avec le résultat software du même algorithme.

L'inconvénient majeur de l'architecture HAPSO est le taux très élevé d'utilisation des mémoires et de ressources logiques et par la suite le temps d'exécution non optimisé pour une application temps réel (Temps perdu pendant les opérations de lecture et d'écriture lors de détermination de la fonction fitness). Aussi, cet inconvénient est dû à la non-synchronisation de l'architecture. L'architecture HAPSO est asynchrone et les étapes s'exécutent en série, cela est indispensable vu l'absence de contrôle des étapes.

Dans cette partie du travail, nous essayons de proposer une architecture basée sur l'algorithme modifié MPSO. Cet algorithme a prouvé son efficacité en termes de temps d'exécution et en termes de résultats de segmentation. Il est basé sur une nouvelle fonction fitness qui va permettre de réduire le taux d'utilisation de ressources logiques. Dans le but d'améliorer l'architecture HAPSO vers une architecture HAMPSO basée sur l'algorithme MPSO, nous essayons de proposer une architecture synchrone contrôlée par une unité de contrôle.

6.1. Architecture HAMPSO synchrone

Pour les applications temps réels, les améliorations en termes de temps de calcul et surtout de la stabilité sont des points très importants et déterminants pour le choix d'une architecture matérielle. Dans les travaux de Chen et al. [152], les auteurs ont montré que le temps de calcul de l'architecture matérielle proposée pour l'optimisation de recherche à base de l'algorithme PSO n'est pas toujours stable, ce qui diminue la stabilité de tout le système. Pour faire face à cet inconvénient, plusieurs mécanismes ont été proposés à savoir le mécanisme de la lecture anticipée et l'auto-contrôle des modules de calcul.

Dans le cas de ce travail, on introduit une unité de contrôle qui joue le rôle d'un ordonnanceur des tâches. Donc, pour l'architecture HAPSO, les blocs présentés se contentent de faire les opérations de calcul. Ceci permet de diminuer le temps de calcul total. De même, en utilisant cette unité de contrôle pour la nouvelle architecture HAMPSO, on peut bénéficier de l'avantage de pipeline des FPGAs, car les tâches sont presque les mêmes qui ont été utilisées pour l'architecture HAPSO. Toutefois, dans leurs travaux, Jia et al. [153] ont annoncé qu'une structure parallèle bénéficiant du pipeline peut augmenter de façon dramatique le coût d'utilisation des ressources matérielles.

Ceci est expliqué par le besoin énorme des mémoires RAM. Pour remédier à cet inconvénient, Jia et al. ont remplacé les mémoires RAM intégrées dans la carte FPGA utilisée par des mémoires RAM externes sur puce, ceci a diminué le taux d'utilisation des ressources mais a augmenté le temps de lecture/écriture. Pour pouvoir optimiser les paramètres temps/ressources, nous utilisons des registres avec des signaux qui s'activent au besoin. Cette opération est très simple à faire en utilisant l'outil XSG. Revenant sur la structure de l'algorithme MPSO développé, elle a permis de réduire le temps d'exécution presque de 20 fois par rapport à l'algorithme PSO. Egalement, avec cet algorithme, le nombre d'itérations nécessaire pour déterminer le meilleur seuil global est optimisé, Pour cela, dans cette partie, nous utilisons un nombre d'itérations très réduit et qui correspond à 5 itérations seulement. Cela va résoudre le problème de temps d'exécution (un nombre réduit d'itérations avec une architecture synchrone en pipeline) et des ressources logiques utilisées (un nombre réduit d'itérations avec utilisation des registres commandés par des signaux arrivant de l'unité de contrôle et une mémoire RAM pour les valeurs de paramètre P_{best}).

De même, la fonction fitness proposée permet une stabilité efficace pour la procédure de recherche (Cela a été démontré dans le chapitre précédent). Outre, la fonction fitness est optimisée en termes des opérations de calcul ce qui engendre une diminution énorme et maximale de taux de ressources logiques. On commence, tout d'abord, par la présentation de la structure générale de l'architecture matérielle proposée pour la segmentation bi-niveaux des images IRM cérébrales basée sur l'algorithme MPSO (figure 4.23). Ensuite, on explique le rôle de chaque bloc qui a été ajouté ou modifié par rapport à l'ancienne architecture HAPSO.

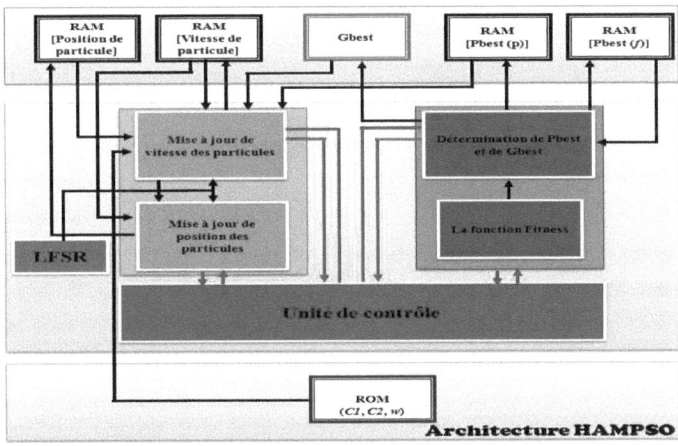

Figure 4. 23: Blocs internes de l'architecture matérielle HAMPSO

La figure 4.23 montre que l'unité de contrôle est en contact avec tous les anciens blocs. Ceci est logique voire même indispensable vu que cette unité permet l'organisation des tâches. La synthèse comparative entre les deux architectures HAPSO et HAMPSO en termes de conception est donnée dans le tableau 4.6.

Tableau 4.6: Comparaison entre les caractéristiques des deux architectures HAPSO et HAMPSO

Architectures/Caractéristiques	Contrôle	Pipeline	Vitesse	Stabilité
HAPSO	Non	Non	Rapide	Moins-Stable
HAMPSO	Oui	Oui	Très Rapide	Stable

6.1.1. L'unité de contrôle basée sur la machine à états finis

La différence majeure entre les deux architectures réside dans l'utilisation d'une unité de contrôle pour l'architecture matérielle HAMPSO. En effet, pour la version précédente, chaque module (bloc) est contrôlé par le bloc précédent. Chaque bloc ne commence à s'exécuter que si le bloc qui précède termine ses calculs nécessaires. Pour cette version, qui utilise l'unité de contrôle, les blocs sont en contrôle synchrone par l'unité de contrôle ce qui augmente la stabilité de l'architecture et minimise le temps de calcul par l'avantage du parallélisme. L'unité de contrôle est principalement composée d'une machine à états finis, donc les transitions conditionnelles ne s'effectuent qu'en fonction des valeurs des entrées. L'unité de contrôle envoie donc des signaux de contrôle et reçoit un retour de signaux. Les signaux envoyés par l'unité de contrôle sont :

- Signal d'activation (SA) ;
- Signal de début de calcul des équations (SDCE) ;
- Signal de début de calcul de la fonction fitness (SDCF) ;
- Signal de fin de calcul des équations (SFCE) ;
- Signal de fin de calcul de la fonction fitness (SFCF) ;
- Compteur des particules (compteur) ;
- Signal compteur pour incrémenter le compteur (sig_compteur).

Ces signaux sont utilisés pour contrôler les blocs de l'architecture HAMPSO. « SA » est le signal d'activation de l'unité de contrôle, c'est-à-dire le signal de début de traitement pour les blocs de l'architecture. Les signaux SDCE et SDCF sont exploités pour activer le calcul pour les blocs respectivement de calcul des équations de vitesse et de position et de calcul de la fonction fitness et de détermination de P_{best} et de G_{best}.

Les signaux SFCE et SFCF sont des signaux reçus par l'unité de calcul pour être informée sur l'état de calcul exécuté respectivement par les blocs de calcul des équations de vitesse et de position, de calcul de la fonction fitness et de détermination de P_{best} et de G_{best}. Le signal sig_compteur est utilisé pour incrémenter le compteur après exécution de tous les blocs pour une telle particule.

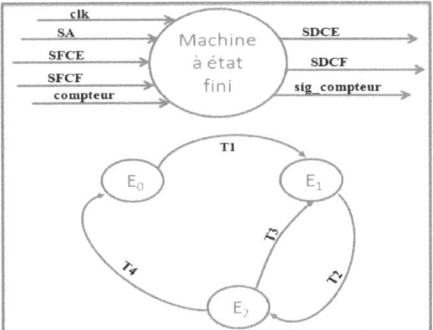

Figure 4. 24: Bloc unité de contrôle de l'architecture HAMPSO

Dans la figure 4.24, nous présentons le bloc de l'unité de contrôle, les états de 0 à 3 sont respectivement :

- E0 : Etat initial d'attente de signal d'activation de départ
- E1 : Etat de calcul : lors de cet état, toutes les opérations seront faites, le calcul des équations de vitesse et de position, le calcul de la fonction fitness, la détermination de P_{best} et de G_{best} et la mise à jour de vitesse et de position (Les 4 étapes vues dans la section §4.2.2 de la partie qui concerne l'architecture HAPSO.
- E2 : Mise à jour du compteur des particules, la mise à jour du compteur se fait après chaque mise à jour de G_{best} et non pas après avoir terminé l'exécution de la particule en cours, cela est très important pour réussir le pipeline.

Les transitions de 0 à 4 sont respectivement :

- T1 : Signal SA est actif
- T2 : Signaux SFCF et SFCE actifs
- T3 : Compteur des particules inférieures à N
- T4 : Compteur des particules égales à N

6.1.2. Architecture en Pipeline

L'approche en pipeline est utilisée pour l'architecture HAMPSO. Cette approche est déduite à partir des caractéristiques de l'algorithme PSO. Etant donnée une particule i à l'itération k, lors du calcul de la fonction fitness de la particule $d(k)$, il est possible de commencer le calcul de la vitesse et de la position de la particule $d(k+1)$. Ensuite, on poursuit la détermination de P_{best} et de G_{best} de la particule $d(k)$. En parallèle, on calcule la fonction fitness pour la particule $d(k+1)$, qui vient juste après la particule $d(k)$. Si la particule $d(k)$ se trouve dans le registre numéro n par exemple, la particule $d(k+1)$ se trouve dans le registre $n-1$. Cette approche de pipeline est illustrée à la figure 4.25. Les particules de 1 à N (N est la taille de l'essaim de recherche) sont représentées par P(1) ... P(N). Cette approche permet de réduire jusqu'à la moitié le temps d'exécution.

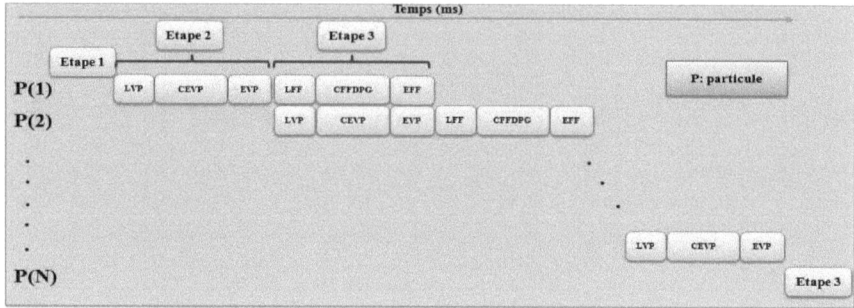

Figure 4. 215: Partitionnement temporel des tâches en pipeline de l'architecture HAMPSO

Les abréviations qui sont introduites dans les deux étapes, respectivement, 2 et 3 sont nécessaires comme entrées/sorties de validation pour l'unité de contrôle. Elles sont, respectivement, : LVP (lecture Vitesse Position), EVP (Enregistrement Vitesse Position) pour la lecture et l'enregistrement des paramètres des équations de vitesse et de position, LFF (Lecture Fonction Fitness), EFF (Enregistrement Fonction Fitness) pour la lecture et l'enregistrement des paramètres de la fonction fitness et CEVP (Calcul Equation Vitesse Position), CFFDPG (Calcul Fonction Fitness Détermination P_{best} G_{best}) pour la détermination des nouvelles valeurs de vitesse, de position, de P_{best} et de G_{best} pour la particule en cours.

Maintenant pour chaque particule, en combinant l'avantage de l'unité de contrôle avec le fonctionnement en pipeline, le partitionnement temporel des tâches sera organisé tel que décrit sur la figure 4.26.

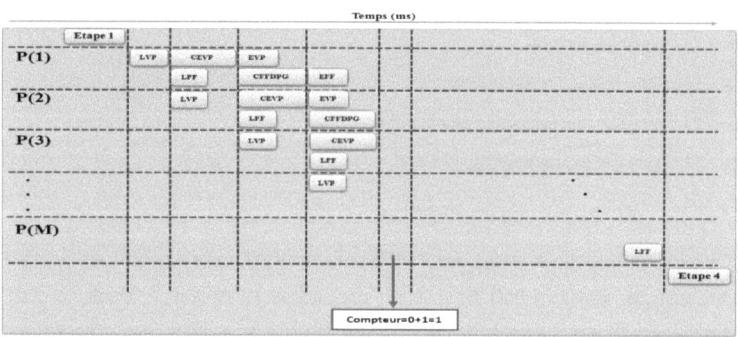

Figure 4. 26: Partitionnement temporel des tâches contrôlées et en pipeline de l'architecture HAMPSO

6.1.3. La nouvelle fonction objectif proposée

L'architecture HAPSO initialement réalisée basée PSO conventionnelle est presque identique à l'architecture évoluée HAMPSO. Parmi les blocs qui ont été modifiés, on trouve le bloc de la fonction fitness. Pour cette architecture HAMPSO, nous proposons une nouvelle fonction fitness. L'algorithme MPSO est basé sur la nouvelle fonction fitness réalisée et expliquée dans le chapitre précédent. Cette architecture est donnée dans la figure 4.27.

Tout d'abord, nous commençons par calculer le poids P_j et normaliser la somme SP_j. Une fois terminé, on passe à la comparaison entre la valeur de pixels de l'image avec celle de chaque particule pour achever la détermination de la fonction fitness en fonction des paramètres *highnum*, *lownum*, u_1 et u_2.

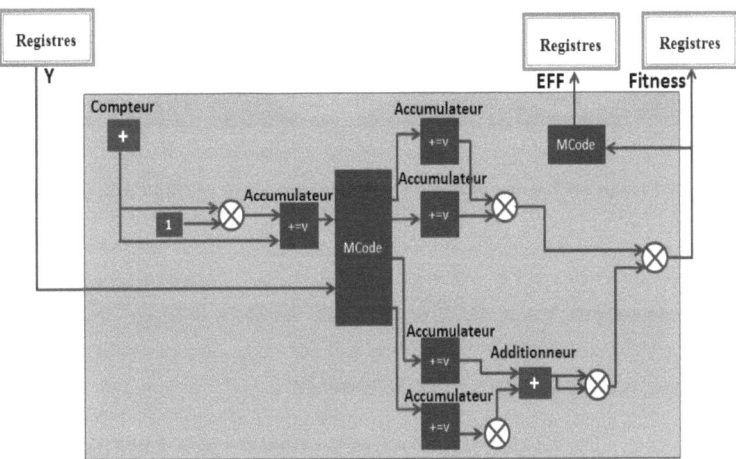

Figure 4. 27: Bloc de la nouvelle fonction fitness proposée

6.2. Expérimentations

Dans cette section, on simule l'architecture HAMPSO réalisée dans le but d'évaluer ces caractéristiques à savoir le temps d'exécution, l'utilisation des ressources matérielles et la qualité des images IRM cérébrales après segmentation. Tout cela permet de réaliser une étude comparative entre l'architecture HAPSO et HAMPSO afin de se rassurer sur l'efficacité des améliorations appliquées. Tout les blocs réalisés sur XSG ainsi que les schémas RTL des architectures détaillées générés par ISE pour l'architecture HAMPSO sont donnés dans l'annexe D.

6.2.1. Expérimentations qualitatives

Pour la première partie de l'évaluation de cette architecture proposée, nous commençons par l'évaluation qualitative du résultat de segmentation appliquée sur des images IRM. La figure 4.28 présente l'image IRM de cerveau pondérée en T1 en coupe axiale après segmentation par les deux architectures HAPSO et HAMPSO. Il est très facile de constater que l'architecture HAMPSO fournit un résultat de segmentation meilleur. En effet, la quantité d'information contenue dans la figure 4.28.c qui concerne le résultat de segmentation par l'architecture

HAMPSO est plus grande. La partie de MG, MB et LCR est plus claire que celle de la figure 4.28.b qui présente le résultat de segmentation par l'architecture HAPSO.

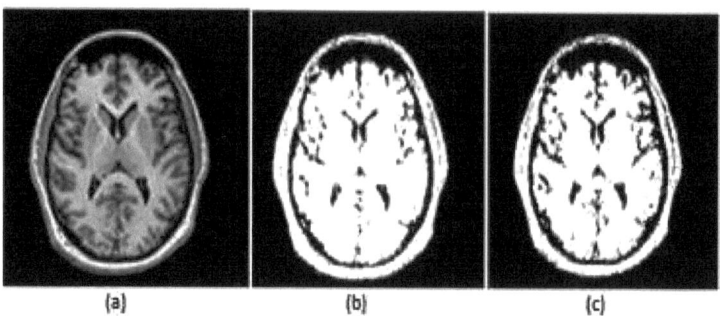

(a) (b) (c)

Figure 4. 28: (a) Image IRM de cerveau pondérée en T1, (b) Segmentation basée HAPSO par XSG, (c) Segmentation basée HAMPSO par XSG

On donne dans le tableau 4.7 le coefficient DiCE qui mesure la similarité entre deux images. On essaye de calculer la similarité entre chacun des deux algorithmes, l'algorithme PSO pour l'implémentation software (Matlab) et hardware (architecture HAPSO matérielle) et de même pour l'algorithme MPSO pour l'implémentation software (Matlab) et hardware (architecture HAMPSO matérielle).

Tableau 4.7: Coefficient DiCE pour les deux architectures HAPSO et HAMPSO

Operations	HAPSO	HAMPSO
DSC entre Matlab et les architectures matérielles	0.8735	0.9252

Les coefficients DiCEs, regroupés dans le tableau 4.7, révèlent une similarité entre les deux algorithmes pour les résultats donnés par la programmation logicielle et matérielle. Le coefficient donné par l'algorithme MPSO est plus élevé. Cela revient au rendement de la nouvelle fonction fitness (démontré dans le chapitre 2) et aussi à l'utilisation de l'unité de contrôle qui permet plus de stabilité lors de l'exécution des tâches.

Pour se rassurer encore sur la qualité du résultat, comme pour tous les algorithmes et les architectures proposées, on applique l'architecture HAMPSO sur les trois autres images IRM cérébrales. La figure 4.29 montre le résultat de segmentation, respectivement, par les deux architectures HAPSO et HAMPSO. Nous constatons, toujours, que les images IRM cérébrales sont plus claires dans le cas de segmentation par HAMPSO que dans le cas de segmentation par l'architecture HAPSO puisqu'elles conservent autant d'informations.

Même, si on s'intéresse à la figure 4.22, on peut constater que le résultat de segmentation donnée par l'architecture HAMPSO dépasse en termes de qualité et de rigueur celui donné par l'algorithme PSO conventionnel implémenté sur Matlab. Cela prouve bien les avantages donnés par la nouvelle fonction fitness proposée. Finalement, on peut conclure que la qualité de segmentation par l'architecture améliorée HAMSPO est plus claire, plus nette, exactement comme pour le cas de la segmentation software démontrée dans le chapitre précédent.

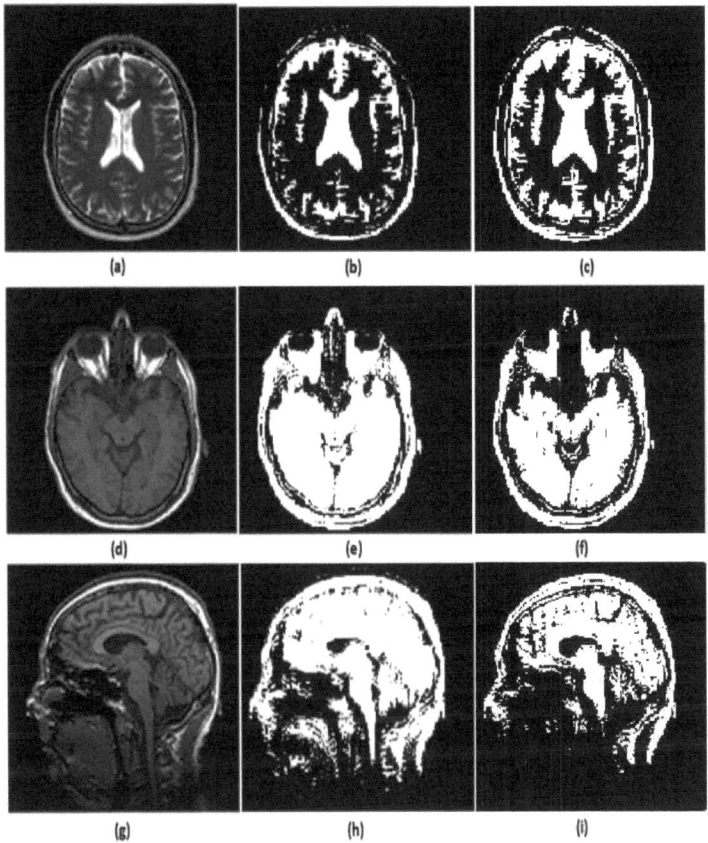

Figure 4. 29: Résultats expérimentaux, (a) Image IRM pondérée en T2 (Coupe axiale), (d) Image IRM pondérée en T1 (Coupe axiale), (g) Image IRM de Corpus de cerveau pondérée en T1 (Coupe sagittale), (b, e, h) Segmentation par HAPSO, (c, f, i) Segmentation par HAMPSO

6.2.2. Expérimentations quantitatives

➕ **Ressources logiques utilisées**

L'architecture HAPSO présentée dans la section précédente (§section 4) présente un inconvénient majeur qui consiste à l'utilisation énorme de la ressource logique et surtout l'utilisation de la mémoire. Pour la nouvelle architecture proposée, et en se référant au tableau 4.8, on trouve que seulement 4% des ressources logiques et 15% des mémoires ont été utilisées.

Tableau 4.8: Utilisation des ressources des architectures matérielles HAPSO et HAMPSO

Logic Slice utilization	HAPSO Utilization	HAMPSO Utilization
No. of Slice Registers	12	4
No. of used as Flip Flops		
No. of Slice LUTs	16	5
No. of used as logic	4	5
No. of used as Memory	27	1
No. of occupied Slices	18	9
No. of LUT Flip Flop pairs		
No. with an unused Flip	42	49
No. with an unused LUT	22	15
No. of fully used LUT-FF	36	34
No. of bonded IOBs	43	63
IOB Flip Flops		
No. of BlockRAM/FIFO	38	15
No. using BlockRAM		
Total memory used(KB)	33	16
No. of BUFG/BUFGCTRLs	66	9
Number used as BUFGs		

Dans la littérature, très peu de chercheurs se sont intéressés à la programmation hardware afin de proposer des architectures basées sur l'algorithme PSO [154, 155]. Egalement, nous constatons qu'ils ont appliqué ces architectures à des fonctions mathématiques benchmarks et pas sur des images IRM. Étant donné que l'utilisation d'images par des architectures matérielles nécessite davantage la disponibilité de ressources logiques et surtout de la mémoire, il est donc clair que la comparaison de l'architecture HAMPSO avec une architecture déjà développée dans un ancien travail qui a été appliquée sur des équations mathématiques, sera en faveur de l'architecture HAMPSO qui va être considérée la meilleure et la plus avantageuse. Cela est dû aux types des applications utilisées (applications d'imageries qui nécessitent plus de ressources mémoire que l'application des benchmarks de type fonctions mathématiques).

Dans ses travaux, Reynolds et al. [155] utilisent deux FPGAs. Un pour le calcul de la fonction fitness tandis que l'autre est utilisé pour les mises à jour des équations de particules. La taille de la mémoire RAM du FPGA utilisé par ces auteurs [155] est de 324 Ko, donc une taille totale de la mémoire 648 KB de RAM. En comparant cette valeur à l'occupation de mémoire donnée dans le tableau 4.8, on constate que seulement 15% de la taille totale de la RAM a été utilisée. La taille totale de la RAM du FPGA utilisée dans notre travail est de 820 Ko, donc l'occupation totale des ressources de mémoire est égale à 124 Ko. Ainsi, la mémoire utilisée pour l'architecture HAMPSO ne représente que 1/5 de celle utilisée dans le travail de Reynolds et al. [155]. Donc, l'architecture HAMPSO peut être considérée comme la meilleure.

- Temps d'exécution

Le temps d'exécution pour les applications temps réel est considéré comme étant le paramètre le plus critique et le plus important. Le tableau 4.9 regroupe les valeurs du temps nécessaire pour déterminer le meilleur seuil donné, respectivement, par les deux architectures HAPSO et HAMPSO, des images IRM cérébrales.

Pour l'architecture de segmentation ainsi réalisée, le FPGA fonctionne avec une horloge de 100 MHz. La durée des opérations côté FPGA dépend de la taille de l'image. Par conséquent, une taille de l'image supérieure à 256x256 va augmenter le temps d'exécution. D'après les résultats présentés dans le tableau 4.9, on constate clairement que le temps d'exécution de l'architecture HAMPSO est largement inférieur à celui de l'architecture HAPSO.

Tableau 4.9: Temps d'exécution pour les deux architectures HAPSO et HAMPSO

Operations	HAPSO	HAMPSO
Execution time (ms)	123.489	22.175

5. Conclusion

Dans ce chapitre, nous avons proposé plusieurs architectures de segmentation bi-niveaux qui s'inspirent de la technique d'optimisation métaheuristique PSO. D'autre part, nous avons synthétisé une version améliorée pour la segmentation bi-niveaux basée sur l'amélioration de la fonction d'évaluation fitness. Cette architecture qui est prête à être implémentée sur FPGA, est avantageuse en termes de temps d'exécution, de ressources logiques de base et en particulier en termes de qualité visuelle.

Nous avons commencé, tout d'abord, par une application de segmentation de base afin de nous initier avec l'outil XSG. Ensuite, nous avons passé à la conception des architectures de segmentation bi-niveaux basée sur l'algorithme PSO conventionnel. Finalement, nous avons testé ces algorithmes sur des images IRM cérébrales. Ces résultats expérimentaux ont prouvé la qualité de ces architectures réalisées.

Conclusion générale

Conclusion générale

L'étude générale du travail développé dans cet ouvrage scientifique porte sur la réalisation des architectures de segmentation bi-niveaux d'images médicales à base de techniques intelligentes inspirées de la nature (principalement la technique basée sur l'algorithme PSO). Ce sont des architectures d'aide au diagnostic qui permettent aux médecins de détecter automatiquement les tumeurs cérébrales et d'en prendre les précautions nécessaires. Nous avons, tout d'abord, présenté d'une manière assez détaillée la technique d'acquisition IRM pour tirer leurs avantages par rapport à d'autres techniques existantes. Ensuite, nous avons présenté d'autres techniques métaheuristiques qui existent dans la littérature (GA, ACO et SFLA) pour l'optimisation des problèmes de segmentation d'images médicales IRM.

Egalement, dans un stade plus avancé, nous avons effectué une étude approfondie sur la technique que nous avons adoptée dans le but de l'améliorer pour pouvoir proposer de nouveaux algorithmes. Après avoir expliqué le principe de la technique basée sur l'algorithme PSO conventionnel, nous avons constaté que l'amélioration de cette technique peut s'effectuer sur deux plans : soit par une amélioration au niveau des équations de mise à jour de la position et de la vitesse des particules, soit par la proposition d'une nouvelle fonction fitness. Nous avons donc proposé, dans un premier temps, une nouvelle technique de segmentation bi-niveaux, appelée MPSO; cette technique est fondée sur la proposition d'une nouvelle fonction fitness.

Nous avons choisi de développer et de valider les algorithmes proposés sous l'environnement MATLAB. En effet, ce logiciel est dédié aux opérations de calculs mathématiques qui concernent le traitement et la manipulation d'images matricielles. C'est notre objectif à atteindre. Nous avons pu valider nos approches proposées sur plusieurs images médicales IRM saines et avec lésions ainsi que sur des images Benchmarks. Enfin, pour se rassurer sur la qualité et sur l'efficacité des résultats donnés par nos algorithmes proposés, nous avons procédé à une étude comparative, à la fois quantitative et qualitative, avec d'autres méthodes métaheuristiques proposées dans la littérature par d'autres chercheurs dans d'autres travaux récents. Tout ceci étant effectué, nous avons réussi à élaborer des nouveaux algorithmes de segmentation des images médicales IRM basés sur les approches métaheuristiques, et à démontrer leur validité ainsi que leur efficacité.

Références bibliographiques

[1] Hubel, D., "The brain", Scientific American, 241(3), pp. 39-47, September 1979;

[2] Hechmi, A., Hamdaoui., F. Ladgham, A, Mtibaa. A, "Using Fuzzy Logic Path Tracking for an Autonomous Robot", International Review of Automatic Control, IRECO, 4(1), pp. 115-123, January 2011.

[3] Marr, D, Vision, W.H., "Freeman, San Francisco", 1982;

[4] Horn, B.K.P., "Robot Vision", MIT Press, Cambridge, Massachusetts, 1986;

[5] Coatrieux, J.L., Velut, J., Dillenseger, J.L., Toumoulin, C, "Représentation en sciences du vivant" (3) : De l'imagerie médicale à la thérapie guidée par l'image ; MEDECINE/SCIENCES; 26(12), pp. 103-110, Décembre 2010 ;

[6] Beaugeois, M, Deltombe, D, Hennequin, D, "Comment Fonctionne une IRM ?, http//www.universcience.tv/video-comment-fonctionne-une-irm-5057.html; Unisciel, Université Lille 1; consulté le 04/09/2012 ;

[7] Fernandez-Maloigne, C, "Les différentes modalités d'acquisition en imagerie médicale", Rapport interne, SIC, 1999;

[8] Les tumeurs du cerveau, collection Guides de référence, Cancer info, INCa, juin 2010 ;

[9] Geraud, T., "Segmentation des structures internes du cerveau en imagerie par résonance magnétique tridimensionnelle", Thèse de doctorat, ENST, 1998 ;

[10] Cuenod, C.A, Halimi, P., "Anatomie de la tête", Cahiers d'IRM", Masson 1989 ;

[11] Otsu, N, "A threshold selection method from gray-level histograms", IEEE Transactions of Systems, Man, and Cybernetics 9, pp. 62-66 1979;

[12] Shah-Hosseini, H, "Otsu's Criterion-based Multilevel Thresholding by a Nature-inspired Metaheuristic called Galaxy-based Search Algorithm", Third World Congress on Nature and Biologically Inspired Computing (NaBIC'11), 19-21 Oct 2011, Salamanca, Spain, pp. 383-388;

[13] Shah-Hosseini, H, "Multilevel Thresholding for Image Segmentation using the Galaxy-based Search Algorithm", IJISA, 5(11), pp. 19-33, 2013;

[14] Kalathiya1 S., Patel, V.P., "Implementation of Otsu Method With Two Different Approaches", International Journal of Software & Hardware Research in Engineering, 2(2), 2014;

[15] Kittler, J., Illingworth, J., "Minimum error thresholding", Pattern Recognition 19, 41-47, 1986;

[16] Rueda, R.S., "An Efficient Algorithm for Optimal Multilevel Thresholding of Irregularly Sampled Histograms", Structural, Syntactic, and Statistical Pattern Recognition, Lecture Notes in Computer Science, V.5342, pp 602-611, 2008;

[17] Sobel, I., "Neighbourhood coding of binary images for fast contour following and general array binary processing," Computer Graphics and Image Processing, 8, pp. 127-135, 1978;

[18] Prewitt, J.M.S., "Picture Processing and Psychophysics", chapter Object Enhancement and Extraction, Academic Press: New York, 1970, pp. 75-149;

[19] Roberts, L.G., "Machine Perception of Three-Dimensional Solids", MIT Press: Cambridge, pp. 159-197, 1965;

[20] Canny, J.,"A Computational Approach to Edge Detection", IEEE Transactions on Pattern Analysis and Machine Intelligence, 8, pp. 679-714, 1986;

[21] Davis, L.S "A Survey of Edge Detection Techniques", Computer Graphics Image Processing, 4, pp. 248-270, 1975;

[22] Martens, J.B., "Deblurring digital images by means of polynomial transforms", Comput. Vision, Graph, Image Process., pp. 157-176, 1990;

[23] Yang F., Jin DN, Chen W.F., Luo M., "A level set method based on Hermite derivative filter for segmentation of magnetic resonance images", Journal Souf Med Univ, 26(1), pp. 36-40, 2006;

[24] Mahr, D., Hildreth, E., "Theory of edge detection", Proceedings of the Royal Society of London, pp. 197-217, 1980;

[25] Shattuck, D.W., Sandor-Leahy, S.R., Schaper, K.A., Rotterberg, D.A., Leahy, R.M., "Magnetic resonance image tissue classification using a partial volume model," NeuroImage, pp. 856-876, 2001.

[26] Machado, D.A., Giraldi, G., Novotny, A.A., "Multi-object segmentation approach based on topological derivative and level set method", Integrated Computer-Aided Engineering, 18(4), pp. 301-311, 2011.

[27] Kass, M., Witkin, A., Terzopoulos, D., "Snakes: Active contour models," International Journal of Computer Vision, pp. 321-331, 1988;

[28] Wu, Y., Wang, Y., Jia, Y., "Segmentation of the left ventricle in cardiac cine MRI using a shape-constrained snake model", Computer Vision and Image Understanding, 117(9), pp. 990-1003, 2013;

[29] URL de site web: http://www.miccai2009.org/, consulté le 12-03-2012 ;

[30] Beitone, C., Tilmant, C., Chausse, F., "Segmentation automatique par modèle déformable implicite à l'aide de statistiques de Weibull locale/globale : Application en IRM cardiaque", Actes de la conférence RFIA 2014- Reconnaissance de Formes et Intelligence Artificielle (RFIA) 2014, France (2014) - http://hal.archives-ouvertes.fr/hal-00989124;

[31] Osher S. and Sethian J. A, "Fronts propagating with curvature dependent speed: Algorithms based on Hamilton-Jacobi formulation", Jour. Comp. Phys. 79, pp. 12-49, 1988;

[32] Baillard, C, Hellier, P. Barillot, C, "Segmentation of brain 3D MR images using level sets and dense registration," Medical Image Analysis, 5, pp. 185-194, 2001.

[33] Taheri, S.; Ong, S., Chong, V., "Level-set Segmentation of Brain Tumors using a Threshold-based Speed Function", Image and Vision Computing, 28(1), pp. 26-37, 2010;

[34] Belaid, L.J., Mourou, W, "Image Segmentation: A Watershed Trabsformation Algorithm", Image Anal Stereol, 28, pp. 93-102, 2009;

[35] Preetha, MMS.J., Suresh, L.P., Bosco, M.J., "Image segmentation using seeded region growing", International Conference on Computing, Electronics and Electrical Technologies (ICCEET), 21-22 March 2012, Kumaracoil-India, pp. 576-583;

[36] Sharma, D., Kaur, B., "Document Image Segmentation Using Recursive Top-Down Approach and Region Type Identification", Information Processing and Management, Communications in Computer and Information Science, 70, pp. 571-576, 2010;

[37] Moore, D., Stevens, J., Lundberg, S., Draper, B.A., "Top Down Image Segmentation using Congealing and Graph-Cut", 19th International Conference on Pattern Recognition (ICPR), Tampa, FL, 8-11 Dec. 2008, pp. 1-4, 2008;

[38] Marras, I., Nikolaidis, N, Pitas, I., "3D geometric split-merge segmentation of brain MRI datasets", Computers in Biology and Medicine, 48(1), pp. 119-132, 2014;

[39] Damiand, G, Resh, P., "Split-and-merge algorithms defined on topological maps for 3D image segmentation", Graphical Models, 65(1-3), pp. 149-167, 2003;

[40] Flood, M, "The Travelling Salesman Problem", Operations Res., 4, pp. 61-75, 1956;

[41] Snyder, W, Logenthiran, A, Santago, P., Link, K, Bilbro, G, Rajala, S., "Segmentation of magnetic resonance images using mean field annealing", Image Vis Comput., 10, pp. 361-368, 1992;

[42] Karasulu, B, Korukoglu, S., "A simulated annealing-based optimal threshold determining method in edge-based segmentation of grayscale images", Applied Soft Computing, 11, pp. 2246-2259, 2011.

[43] Lai C.C., Chang, C.Y., "A hierarchical evolutionary algorithm for automatic medical image segmentation", Expert System Application, 36, pp. 248-259, 2009;

[44] Li, B.Y., Xiao, Y.S., Wang, L., "Application of particle swarm optimization in engineering optimization problems", Comput Eng. 40, pp. 74-76, 2004;

[45] Wang, L.M.K, Zhang, D., "A universal texture segmentation and representation scheme based on ant colony optimization for iris image processing", Comput Math Appl, 57, pp. 1362-1368, 2009;

[46] Glover, F., Future paths for integer programming and links to artificial intelligence, Computers and Operations Research, Vol. 13, pp. 533-549, 1986;

[47] Fraser, A.S., Simulation of genetic systems by automatic digital computers, Australian Journal of Biological Science, Vol. 10, pp. 484-491. 1957;

[48] Holland, J.H., "Adaptation in Natural and Artificial Systems". The University of Michigan Press, 1975;

[49] Koza, J.R, "Hierarchical genetic algorithms operating on populations of computer programs". pp. Morgan Kaufmann, Detroit, Michigan USA, pp. 768-774, 1989;

[50] Koza, J.R, "Genetic programming: A paradigm for genetically breeding populations of computer programs to solve problems". Tech Rep, Technical Report STANCS-90-1314, Stanford University, Department of Computer Science, 1990;

[51] Bäck, T., "Evolutionary Algorithms in Theory and Practice, Oxford University Press, 1996;

[52] Goldberg D E, "Algorithmes Génétiques : Exploration, optimisation et apprentissage automatique", Edition Wesley, 1989 ;

[53] Holland J. H., "Genetic Algorithms", pour la science, n°179, Edition of Scientific American, pp. 44-50, 1992;

[54] Man K.F., Tang K.S., Kwong S., "Genetic Algorithms: Concepts and Applications", IEEE Transactions on Industrial Electronics, 5, pp. 519-534, 1996;

[55] Schmitt L.M, "Fundamental study. Theory of genetic algorithms", Theoretical Computer Science, 259, pp. 1-61. 2001.

[56] Petrowski A, "Une introduction à l'optimisation par algorithmes génétiques", http://www-inf.int-evry.fr/~ap/EC-tutoriel/Tutoriel.html, 2001;

[57] Yu, M, "Genetic algorithm approach to image segmentation using morphological operations", International Conference on Image Processing, 1998. ICIP 98, 3 pp. 775-779;

[58] Visa, A, "A genetic algorithm based method to improve image segmentation", Fourteenth International Conference on Pattern Recognition, 1998, 2. pp. 1015-1017, 1998;

[59] Girgensohn, A, Boreczky, J., "Time-constrained keyframe selection technique", IEEE International Conference on Multimedia Computing and Systems, July 1999, Florence USA, 1 pp. 756-761.

[60] Yang, F., and Jiang, T., "Cell Image Segmentation with the Kernel-Based Dynamic Clustering and an Ellipsoidal Cell Shape Model", Journal of Biomedical Informatics, 34, 2001.

[61] Jiang, T., Yang, F., Fan, Y., "A Parallel Genetic Algorithm for Cell Image Segmentation", Electronic Notes in Theoretical Computer Science, 46, 2001.

[62] Bhanu, B, Lee, S. Das, S., "Adaptive image segmentation using genetic and hybrid search methods". IEEE Trans. on Aerospace and electronic syst, 31(4), pp. 1268-1291. 1995;

[63] Bhandarkar, S.M, Zhang Y., Potter W.D., "An edge detection technique using genetic algorithm based optimization", Pattern Recognition, 27(9), pp. 1159-1180, 1994;

[64] Bhandarkar, S.M, Zhang H, "Image segmentation using evolutionary computation", IEEE Transactions on Evolutionary Computation, 3(1), pp. 1-21. 1999;

[65] Tan, H.L., Gelfand, S.B., Delp, E.J., "A comparative cost function approach to edge detection", IEEE Transactions on Systems, Man, and Cybernetics, 19(6), pp. 1337-1349, 1989;

[66] Tan, H.L., Gelfand, S.B., Delp, E.J., "A cost minimization approach to edge detection using simulated annealing", Transactions on Pattern and Machine Intelligence, 14, pp. 3-18, 1991.

[67] Gonzalez, R.C, "Digital Image Processing", second edition, Addison Wesley, 1987;

[68] Bharu, B., Lee, S., Ming, J., "Self-Optimizing image segmentation system using a genetic algorithm", Proceeding of the 4th International Congress on Genetic Algorithms, pp. 362-369, 1991.

[69] Bharu, B., Lee S., Ming, J., "Adaptive Image segmentation Using a Genetic Algorithm", IEEE Transactions on Systems, Man, And Cybernetics, 25(12), pp. 1543-1180, 1995;

[70] Chun, D, N, Yang, H, S., "Robust image segmentation using genetic algorithm with a fuzzy measure", Pattern-Recognition, vol. 29, n° 7, 1996, p. 1195-1211. Cocquerez J.P., Philipp S., Analyse d'images : filtrage et segmentation, Edition Masson, 7. 1995;

[71] Dokur, Z, Olmez, T., "Segmentation of MR and CT images by using a quantiser neural network", Journal of Neural Computing Applications, 11, pp. 168-177, 2003;

[72] Matsui, K, Kosugi, Y., "New image segmentation method by modified counterpropagation network and genetic algorithm", IEEE International Conference on Systems, Man, and Cybernetics, 4, 1999, Tokyo-Japan, pp. 854-858;

[73] Matsui, K, Kosugi, Y., "Image segmentation by neural-net classifiers with genetic selection of feature indices", International Conference on Image Processing, 1, 1999, Japan, pp. 524-528;

[74] Dorigo, M, Gambardella, L.M., "Guest editorial special on ant colony optimization", IEEE Transactions on evolutionary computation, 6(4), pp. 317-319, 2002;

[75] Dréo, J., Pétrowski, A, Siarry, P., Taillard, E.D, "Métaheuristiques pour l'optimisation difficile", Eyrolles, 2003 ;

[76] Beckers, R, Deneubourg, J. L., Goss, S., "Trails and U-Turns in the Selection of a Path by the Ant Lasius Niger", J. Theor. Biol., 159, pp. 397-415, 1992;

[77] Goss, S., Aron, S., Deneubourg, J. L., Pasteels, J. M, "Self-Organized Shortcuts in the Argentine Ant", Naturwissenchaften, 76, pp. 579-581. 1989;

[78] Colorni, A, Dorigo, M, Maniezzo, V., "Distributed Optimization by Ant Colonies", In : Proceedings of the First European Conference on Artificial Life, pp. 134-142, MIT Press, Paris, France, December 1991.

[79] Dorigo, M, Maniezzo, V, Colorni, V., "Ant System optimization by a colony of cooperating agents", IEEE Transactions on Systems, Man, and Cybernetics, Part B: Cybernetics, 26(1), pp. 29-41. 1996;

[80] Hoshyar, R., Jamali, S.H., Locus, C., "Ant colony algorithm for finding good interleaving pattern in turbo codes", IEE Proc-commun, 147(5), pp. 257-262, 2000;

[81] Solnon C, "Ants can solve constraint satisfaction problems", IEEE Transactions on Evolutionary Computing, 4(1), pp. 347-357, 2002;

[82] Parpinelli, R.S., Lopes, H.S., Freitas, A.A., "Data mining with an Ant Colony Optimization Algorithm", IEEE Transactions on Evolutionary Computing, 6(4), pp. 321-332, 2002;

[83] Merkle, D, Middendorf, M, Schmeck, H., "Ant colony optimization for resource constrained project scheduling", IEEE Transactions on Evolutionary Computation, 6(4), pp. 333-346, 2002;

[84] Sim, K.M, Sun, W.H., "Ant colony optimization for routing and load-balancing: survey and new directions", IEEE Transactions on Systems, Man, and Cybernetics-Part A: Cybernetics, 33(5), pp. 560-572, 2003;

[85] Bansal, S., Aggarwal, D., "Color Image Segmentation using CIELab Color Space using Ant Colony Optimization", International Journal of Computer Applications, 29(9), pp. 28-34, September 2011.

[86] Lee, M.E., Bhuchar K, Sandhu, P.S., "Segmentation of Brain MR Images using an Ant Colony Optimization Algorithm", 2011 International Conference on Software and Computer Applications, 9, 2011, pp. 79-86;

[87] Yu, J., Lee, S.H, Jeon, M, "An Adaptive ACO-Based Fuzzy Clustering Algorithm For Noisy Image Segmentation", International Journal of Innovative Computing, Information and Control, 8(6), pp. 3907-3913, June 2012;

[88] Surbhi, G Gurpreet, S.S., Neeraj, M. "Implementing Color Image Segmentation Using Biogeography Based Optimization", 2011 International Conference on Software and Computer Applications IPCSIT vol.9 IACSIT Press, Singapore, 2011.

[89] Deneubourg, J.L, Gross, S., Franks, N, Sendova-Franks, A,Detrain, C, Chretien, L. "The dynamics of collective sorting: Robot-like ants and ant-like robots", In Proceedings of the First International Conference on Simulation of Adaptive Behavior: From Animals to Animats, Cambridge, MA, MIT Press, 1991, pp. 356-363;

[90] Mohamed Jafar, OA, "Ant-based Clustering Algorithms: A Brief Survey", International Journal of Computer Theory and Engineering, 2(5), pp. 1793-8201, 2010;

[91] Immaculate, MC, Phil, M, Kasmir Raja, S.V., "A Modified Ant-based Clustering for Medical Data", (IJCSE) International Journal on Computer Science and Engineering, 02(07), pp. 2253-2257, 2010;

[92] Eusuff, M.M and Lansey, K.E., "Optimization of water distribution network design using the shuffled frog leaping algorithm", J. Water Resour. Planning Manag, 129(3), pp. 210-225, 2003;

[93] Liong, S.Y., Atiquzzaman, M, "Optimal design of water distribution network using shuffled complex evolution". J. Instn Engrs, 44, pp. 93 – 107, 2004;

[94] Bhaduri, A, "Color image segmentation using clonal selection-based shuffled frog leaping algorithm. In: International Conference on Advances in Recent Technologies in Communication and Computing", ARTCom'09. 27-28 Oct 2009, Kottayam-Kerala, pp. 517-520;

[95] Ladgham, A, Hamdaoui, F., Sakly, A, Mtibaa, A, "Fast MR brain image segmentation based on modified Shuffled Frog Leaping Algorithm", Signal, Image and Video Processing, DOI 10.1007/s11760-013-0546-y;

[96] Horng, MH, "Multilevel image threshold selection based on the shuffled frog-leaping algorithm" J. Chem. Pharm., Res, 5(9), pp. 599-605, 2013;

[97] Wang, N, Li, X, Chen, XH, "Fast three-dimensional Otsu thresholding with shuffled frog-leaping algorithm", Pattern Recognit. Lett, Meta-heuristic Intel. Based Image Process. 31(13), pp. 1809–1815, 2010;

[98] KANG, J.H, Miao, M, "Multilevel thresholding segmentation based on shuffled frog leaping algorithm and Otsu method", Journal of Yunnan University, 6, pp. 634-640, 2012;

[99] Gu, YJ., Jia, ZH, Qin, XZ, Yang, J., Pang, S.N, "Image segmentation algorithm based on shuffled frog-leaping with FCM", Commun Technol. 2, 042, 2011.

[100] Tang, L, Tian, L, Steward, B.L., "Color Image Segmentation With Genetic Algorithm For In-Field Weed Sensing, Agricultural and Biosystems Engineering, 43(4), pp. 1019-1027, 2000;

[101] Kennedy, J., Eberhart, R. C, 'Particle swarm optimization", IEEE International Conference on Neural Network, Nov/Dec 1995, Perth, Washington, USA, 4, pp. 1942-1948;

[102] Reynolds, C W, "Flocks, herds and schools, a distributed behavioral model", Computer Graphics, 21(4), pp.25-34, 1987;

[103] Heppner, F., Grenander, U., "A stochastic nonlinear model for coordinated bird flocks", AAAS Publication, Washington, DC, 1990;

[104] Dutot A., Olivier D., "Optimisation par essaim de particules Application au problème des n-Reines. Laboratoire Informatique du Havre, Université du Havre, 2002;

[105] Kennedy J., Eberhart R.C, "Swarm Intelligence", Morgan Kaufman Publishers, Academic Press, 2001;

[106] Clerc M, Kennedy J., "The Particle Swarm, Explosion, Stability and Convergence in a Multi-Dimensional complex Space", IEEE Transactions on Evolutionary Computation, 6(1), pp. 58-63, 2001;

[107] Omran MGH, "Particle Swarm Optimization Methods for Pattern Recognition and Image Processing", PHD Thesis, University of Pretoria, November 2004;

[108] Li B.Y., Xiao Y.S., Wang L. "Application of particle swarm optimization in engineering optimization problems", Comput Eng; 40(13), pp. 74-6, 2004;

[109] Van den Bergh, F., "An analysis of Particle Swarm Optimizers", PHD thesis, University of Pretoria, South Africa, 2002;

[110] Trelea, I.C, "The particle swarm optimization algorithm", convergence analysis and parameter selection, Information Processing Letters, 85, pp. 317-325, 2003;

[111] Peer, E.S, Van den Bergh, P., Engelbrecht. AP., "Using neighborhoods with the guaranteed convergence PSO", Proceedings of the IEEE Swarm Intelligence Symposium 2003 (SIS 2003), April 24-26 2003, pp. 235-242;

[112] Banks, A, Vincent, J. Anyakoha, C., "A review of particle swarm optimization", Part I: background and development. Nat. comput, pp. 1-13, 2007;

[113] Banks, A, Vincent, J., Anyakoha, C., "A review of particle swarm optimization", Part II: hybridisation, combinatorial, multicriteria and constrained optimization, and indicative applications. Nat. comput, pp. 1-15, 2007;

[114] Eberhart, RC, Simpson, P., Dobbins, R, "Computational PC Tools", 6, pp. 212-226, AP Professional, 1996;

[115] Fan, H.Y., Shi, Y., "Study on Vmax of particle swarm optimization", Proceedings of the 2001 Workshop on Particle Swarm Optimization, Indiana University-Purdue University Indianapolis Press, 2001.

[116] Feng, D, Wenkang, S., Liangzhou, C, Yong, D, Zhenfu, Z, "Infrared image segmentation with 2-D maximum entropy method based on particle swarm optimization (PSO)", Pattern Recognition Letters, 26(5), pp. 597-603, 2005;

[117] Yin, P., "Multilevel minimum cross entropy threshold selection based on particle swarm optimization", Applied Mathematics and Computation, 184(2), pp. 503-513, 2007;

[118] Bazi, Y., Bruzzone, L., Melgani, F., "Image thresholding based on the EM algorithm and the generalized Gaussian distribution. Pattern Recognition", 40, pp. 619-634, 2007;

[119] Zhang, Y., Huang, D, Ji, M, Xie, F., "Image segmentation using PSO and PCM with Mahalanobis distance", Expert Systems with Applications, 38(7), pp. 9036-9040, 2011.

[120] Hammouche, K, Diaf, M, Siarry, P., "A comparative study of various meta-heuristic techniques applied to the multilevel thresholding problem", Eng. Appl. Artif. Intell. 23(5), 676-688, 2010;

[121] Zahara, E, Fan, S.K.S., Tsai, DM, "Optimal multi-thresholding using a hybrid optimization approach". Pattern Recognition Letters, 26, pp. 1085-1095, 2005;

[122] Chander, A, Chatterjee, A, Siarry, P., "A new social and momentum component adaptive PSO algorithm for image segmentation, Expert Systems with Applications, 38, pp. 4998-5004, 2011.

[123] Gao, H, Kwong, S., Yang, J., Cao, J., "Particle swarm optimization based on intermediate disturbance strategy algorithm and its application in multi-threshold image segmentation," Information Sciences, 250, pp. 82-112, 2013;

[124] Kaur, A, Singh, MD, "An Overview of PSO Based Approaches in Image Segmentation", International Journal of Engineering and Technology, (2)8, pp. 1349-1357, August, 2012;

[125] Hamdaoui, F., Ladgham, A., Sakly, A., Mtibaa, A., "A new images segmentation method based on modified PSO algorithm", International Journal of Imaging Systems and Technology, 23(3), pp. 265-271, 2013;

[126] Dice, L.R, "Measures of the amount of ecologic association between species", Ecology, 26, pp. 297-302, 1945;

[127] Jatmiko, W, Mursanto, P., Kusumoputro, B, Sekiyama K., Fukuda, T., "Modified PSO Algorithm Based on Flow of Wind for Odor Source Localization Problems in Dynamic Environments", WSEAS Transaction on System, 3(7), pp. 106-118, 2008;

[128] Huang, HC, "FPGA-Based Parallel Metaheuristic PSO Algorithm and Its Application to Global Path Planning for Autonomous Robot Navigation", Journal of Intelligent & Robotic Systems, 76(3-4), pp. 475-488, December 2014;

[129] Nitish, N, Priyanka, G, " Implementation of Binary PSO Based Face Recognition System using Image Preprocessing", 2011 International Conference on Signal, Image Processing and Applications With workshop of ICEEA, Singapore, (3), pp. 41-45, 2011.

[130] Ma, J.Z, Shao, F., Hu, L.P., Liu, J., Chen, D.M, "Research and Analysis of Discrete PID Controller Parameters' Optimization Based on Particle Swarm Optimization Algorithm", Applied Mechanics and Materials, 602(605), pp. 1228-1232, 2014;

[131] Chowdhury, S.R, Chakrabarti, D, Hiraranay, S., "Medical diagnosis using adaptive perceptive particle swarm optimization and its hardware realization using field programmable gate array", J Med Syst. 33(6), pp. 447-65, 2009;

[132] El-Abd, M, Hassan, H, Mohab, A, Mohamed, S., Kamel,M.E, "Discrete cooperative particle swarm optimization for FPGA placement", Applied Soft Computing, 10(1), pp. 284-295, 2010;

[133] Gao, Z, Zeng, X, Wang, J. Liu, j., "FPGA implementation of adaptive IIR filters with particle swarm optimization algorithm", International Conference on Communication Systems, Singapore, 19-21 Nov. 2008, pp. 1364– 1367, 2008;

[134] Slami Saad, S., Guessoum, A, Bettayeb, M, Abdelhafid, K., "Blind Restoration of Radiological Images Using Hybrid Swarm Optimized Model Implemented on FPGA", The International Arab Journal of Information Technology, 11(5), pp. 476-486, 2014;

[135] Hosseini-Biioki, M.M, Rashidnejad, M, Abdollahi, A, "An implementation of particle swarm optimization to evaluate optimal under-voltage load shedding in competitive electricity markets", Journal of Power Sources, 242, pp. 122-131. 2013;

[136] Maldonado, Y., Castillo, O, Melin, P., "Particle swarm optimization of interval type-2 fuzzy systems for FPGA applications", Applied Soft Computing, 13 (1), pp. 496-508, 2013;

[137] Xilinx System Generator v2.1 for Simulink User's Guide Online, www.mathworks.com/applications/dsp_comm/xilinx_ref_guide.pdf;

[138] Saurabh, P.V, "Object Oriented Implementation of Particle Swar Optimization", The Maharaja Sayajirao University of Vadodara, March, 23, 2009;

[139] Zekai Zheng, Z, Zhao, J., Guo, H, Yang, L., Yu, X, Fang, W., "Character Segmentation System Based on C# Design and Implementation", 2012 International Workshop on Information and Electronics Engineering, Procedia Engineering, 29, pp. 4073-4078, 2012;

[140] Mamdoohi, G, Aces, AF., Samsudin, K, Ibrahim, N.H, Hidayat, A, Mahdi, M.A, "Implementation of genetic algorithm in an embedded microcontroller-based polarization control system", Engineering Applications of Artificial Intelligence, Special Section: Dependable System Modelling and Analysis, 25(4), pp. 869-873, 2012;

[141] Ladgham A, Hamdaoui F, Sakly A, Mtibaa A, "Real Time Implementation of Detection of Bacteria in Microscopic Images Using System Generator", J Biosens Bioelectron 3(127), doi:10.4172/2155-6210.1000127, 2012;

[142] S. Alin Christe, S., Vignesh, M., Kandaswamy, A., "An Efficient FPGA Implementation of MRI Image Filtering and Tumour Characterization Using Xilinx System Generator, International Journal of VLSI design & Communication Systems (VLSICS), 2(4), pp 95-109, DOI : 10.5121/vlsic.2011.2409,2011.

[143] John Moses, C. Selvathi, D, Sajitha Rani, S., "FPGA Implementation of an Efficient Partial Volume Interpolation for Medical Image Registration", IEEE International Conference on Communication Control and Computing Technologies, 7-9 Oct 2010, Ramanathapuram-India, pp. 132-137;

[144] Bin Othman, M.F., Abdullah, N., Bin Ahmad, N.A., "An Overview of MRI Brain Classification using FPGA Implementation", IEEE Symposium on Industrial electronics & Applications (ISIEA),3-5 Oct 2010, Penang-Malaysia, pp. 623-628;

[145] Hamdaoui, F., Ladgham, A., Sakly, A., Mtibaa, A., "Real Time Implementation of Medical Images Segmentation Using Xilinx System Generator", International REview on Computers and Software, IRECOS, 7(6), pp. 2861-2867, 2012;

[146] Hamdaoui, F., Ladgham, A., Sakly, A., Mtibaa, A., "MR Image-based algorithm for Real Time Classification Using XSG", International Journal of Computer Applications in Technology, IJACT, Proof, Accepted on March, 20 2014;

[147] Alba, M., Sánchez, M., Alvarez, GR., Sánchez, GS., "Architecture for filtering images using Xilinx System Generator"; International Journal of Mathematics and Computers in Simulation, 2(1), pp. 101-107, 2007;

[148] Dhir, R., Singh, C., "Recognition of Bilingual Segmented Characters (Gurmukhi and Roman)", International REview on COmputers and Software (IRECOS), 1(2), pp 181-193, 2006;

[149] Hamdaoui, F. Sakly, A. and Mtibaa, A., "Hardware Implementation of PSO Architecture for Image Segmentation on FPGA", Asian Journal of Applied Sciences, 7(1), pp. 1-12, 2014;

[150] Hamdaoui, F. Khlifa, A. Sakly, A. and Mtibaa, A., "Real time implementation of medical image segmentation based PSO", International Conference on Control, Decision and Information Technologies (CoDIT'13), May 06-08 2013, Hammamet, Tunisia, pp. 36-42;

[151] Zhang, H., Wang, Y., Wang, B., Wu, X., "Evolutionary random sequence generators based on lfsr", Wuhan University Journal of Natural Sciences, 12(1), pp. 75-78, 2007;

[152] Chen, K.T., Zhu, H., Ngah, S., Baba, T., "Hardware architecture of particle swarm optimization for positioning system"Journal of Signal Processing, 13(6), pp.497-506, 2009;

[153] Jia, M., Cai, X., Ngah, S., Tanabe, Y. Baba, T., "Apipeline Architecture of Particle SwarmOptimization for Real-Time Control", Journal of Signal Processing, 14(6), pp. 405-414, 2010;

[154] Reynolds P.D., Duren R.W., Trumbo M.L., Marks RJ., "FPGA implementation of particle swarm optimization for inversion of large neural networks", In: Proceedings 2005 IEEE Swarm intelligence symposium, SIS 2005, pp 389-92, 2005;

[155] Hibbard, MJ.., Peskin, E.R., & Sahin,F., "FPGA implementation of particle swarm optimization for Bayesian network learning", Computers and Electrical Engineering, 39(8), pp. 2454-2468, 2013;

Annexes

Annexe A

Cette annexe A présente une figure réelle de la carte Virtex V XC5VLX50T.

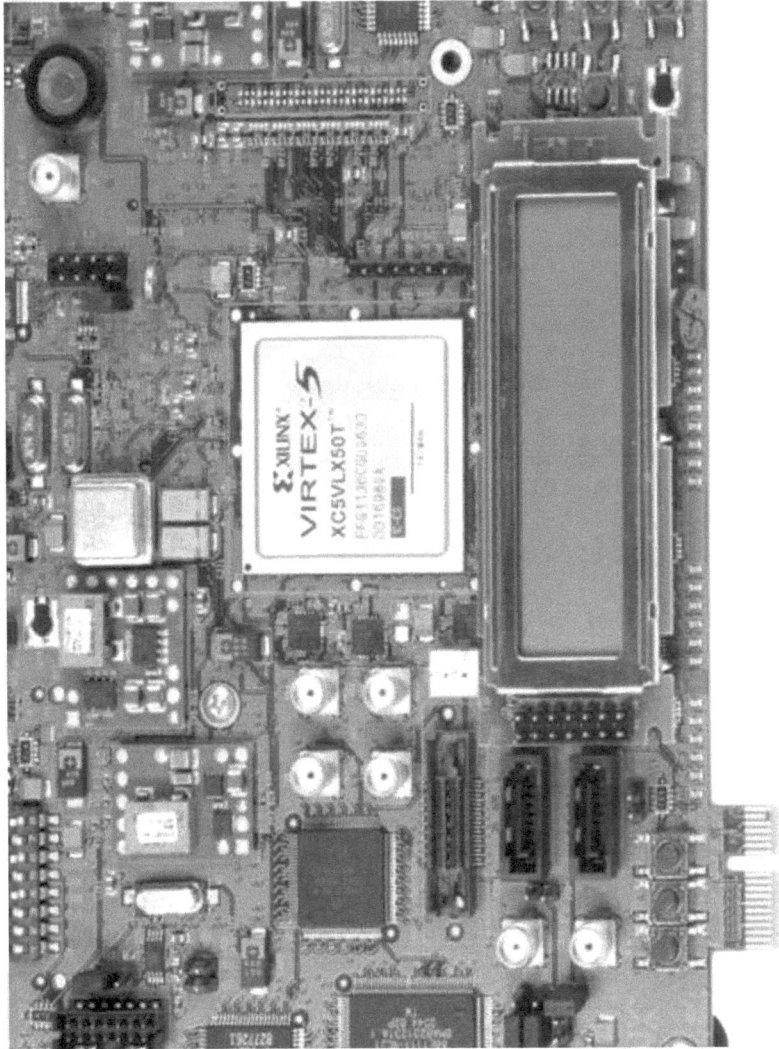

Carte FPGA de VIRTEX, de la famille VIRTEX-V ML507 FXT

Annexe B

On présente dans cette annexe B les différents blocs de l'architecture de segmentation manuelle simple réalisée sur XSG avec le schéma RTL déterminé par ISE Xilinx.

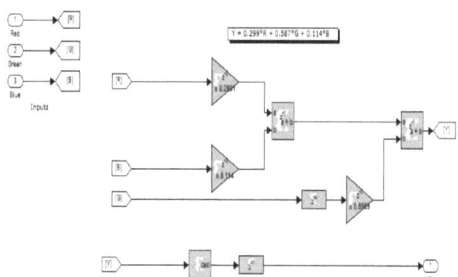

Bloc de conversion RGB vers niveaux de gris (Y)

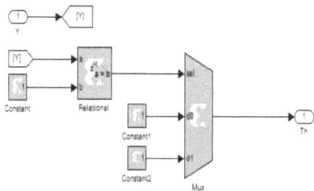

Bloc Seuillage simple

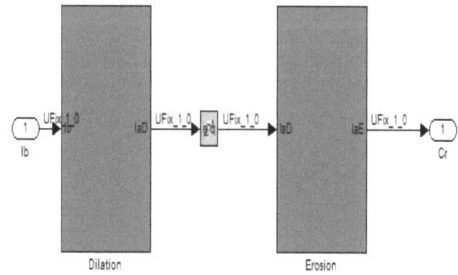

Bloc de fermeture contenant les deux sous-blocs de dilatation et d'érosion

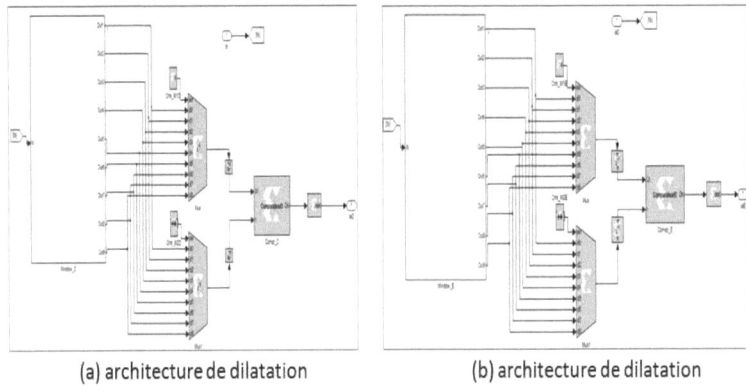

(a) architecture de dilatation   (b) architecture de dilatation

Blocs des architectures, (a) Dilatation (b) Erosion

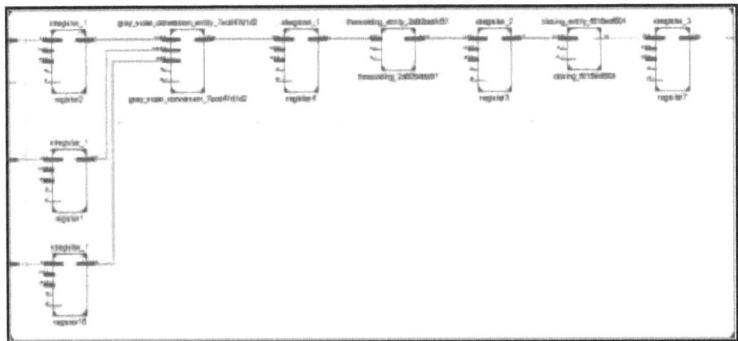

Architecture matérielle de segmentation bi-niveaux par seuillage simple des images IRM cérébrales générée par l'outil ISE (Niveau RTL)

Annexe C

On présente dans cette annexe C, les différents blocs de l'architecture HAPSO de segmentation bi-niveaux basée sur l'algorithme PSO conventionnel ainsi que le schéma RTL de cette architecture.

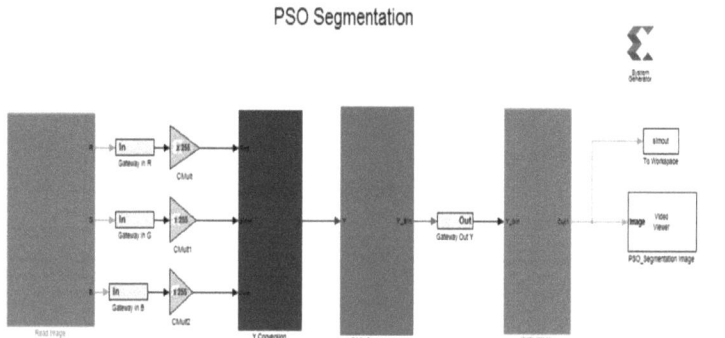

Architecture matérielle de segmentation bi-niveaux basée PSO (HAPSO)

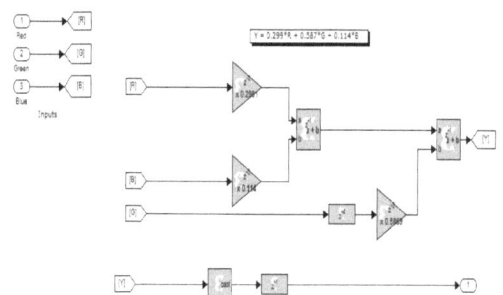

Bloc de conversion RGB vers niveaux de gris (Y)

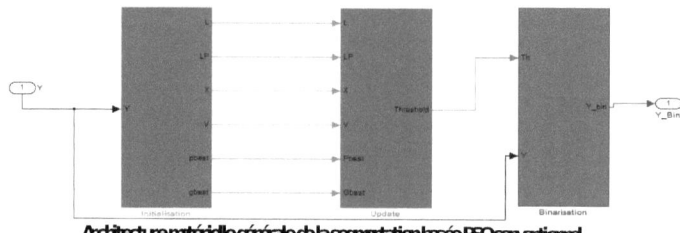

Architecture matérielle générale de la segmentation basée PSO conventionnel

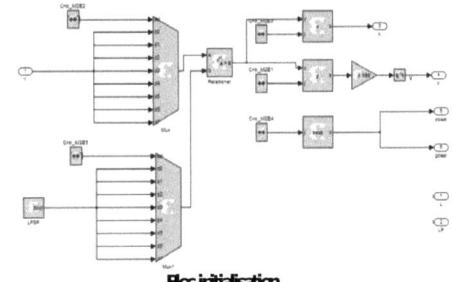

Bloc initialisation

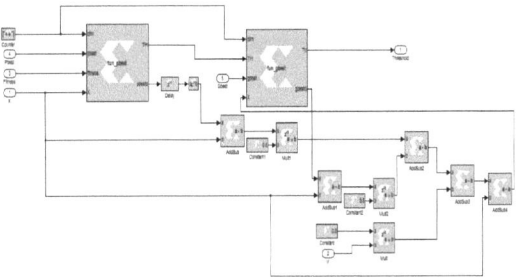

Bloc de mise à jour des équations de la vitesse et de la position

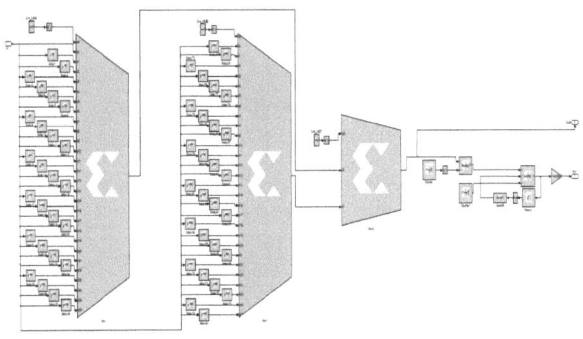

Bloc de la fonction fitness pour PSO conventionnel

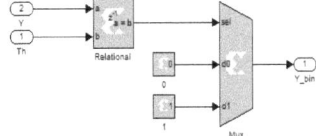

Bloc de binarisation

Annexes

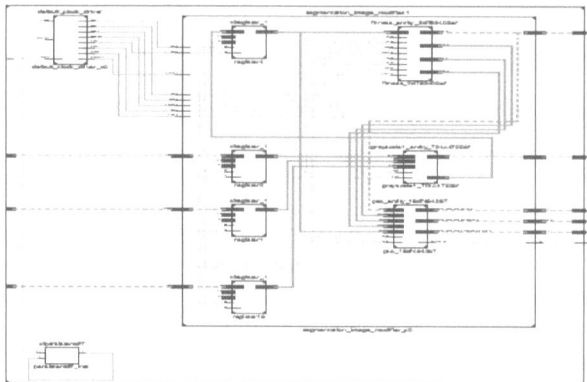

Architecture globale HPSO

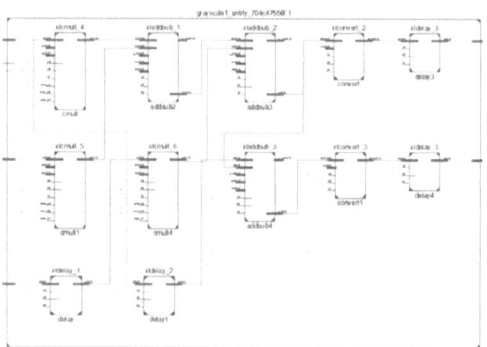

Architecture Conversion RGB vers niveaux de gris

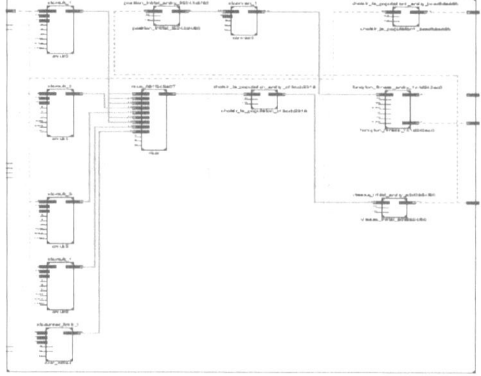

Architecture initialisation

Annexes

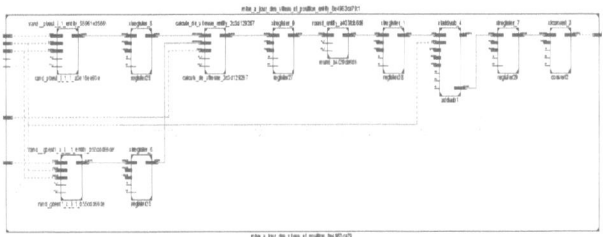

Architecture de mise à jour des équations de la vitesse et de la position

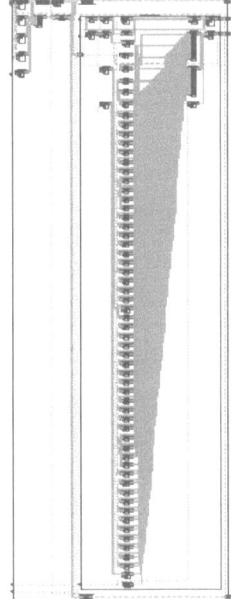

Bloc de la fonction fitness

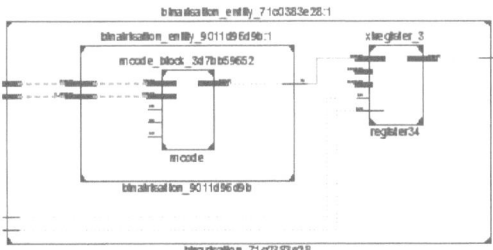

Architecture binarisation

Annexe D

Dans cette annexe D, on présente seulement les blocs qui ont été modifiés de l'architecture HAMPSO de segmentation bi-niveaux basée sur l'algorithme MPSO ainsi que le schéma RTL de cette architecture.

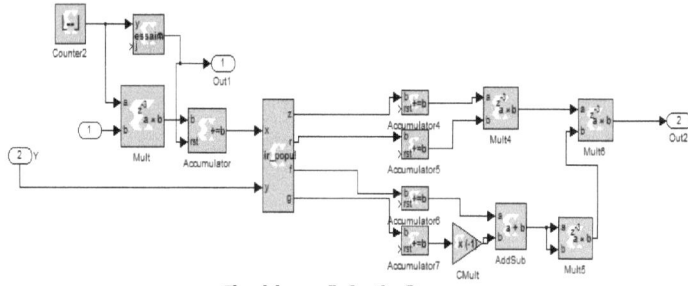

Bloc de la nouvelle fonction fitness

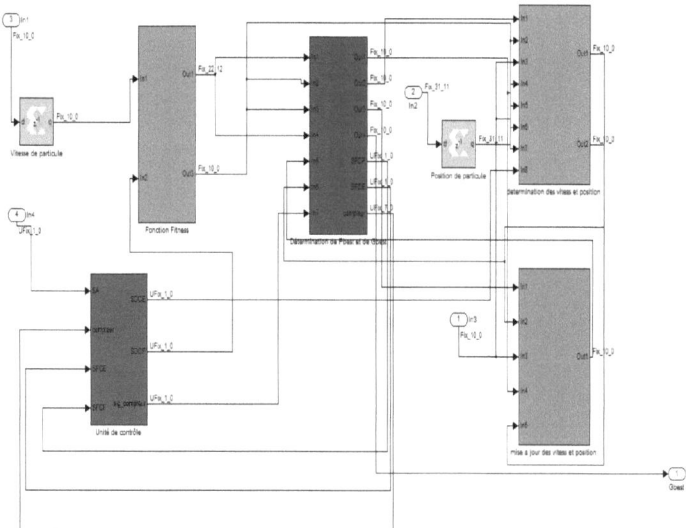

Principaux blocs de l'architecture HAMPSO

Annexes

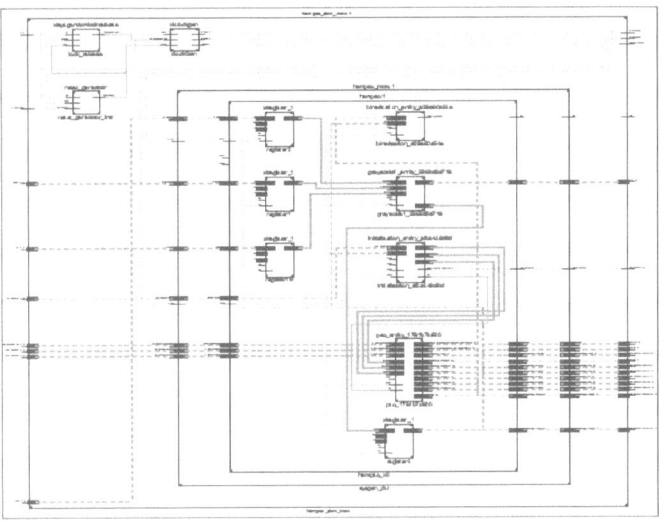

Architecture globale HAMPSO

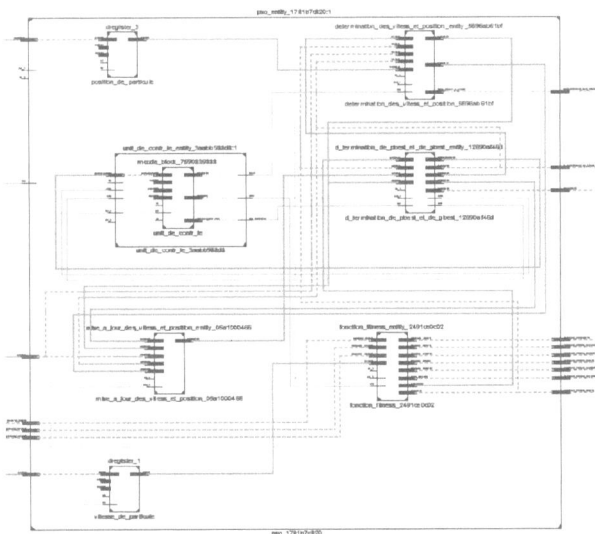

Structure interne des blocs de l'architecture HAMPSO

Annexes

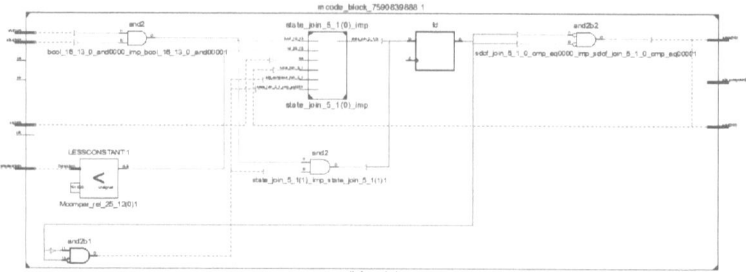

Bloc de l'unité de contrôle

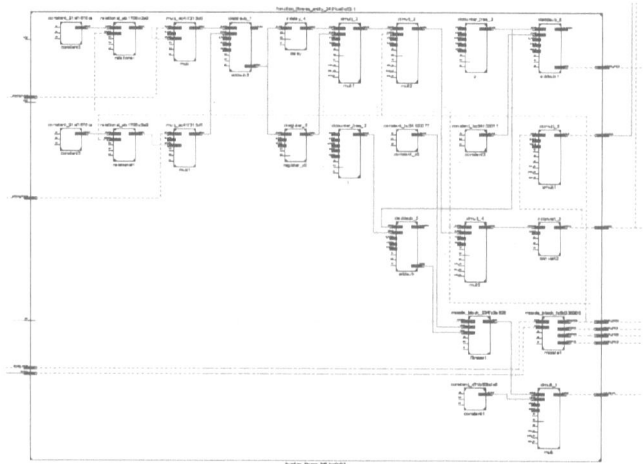

Bloc de la fonction fitness

Oui, je veux morebooks!

I want morebooks!

Buy your books fast and straightforward online - at one of the world's fastest growing online book stores! Environmentally sound due to Print-on-Demand technologies.

Buy your books online at
www.get-morebooks.com

Achetez vos livres en ligne, vite et bien, sur l'une des librairies en ligne les plus performantes au monde!
En protégeant nos ressources et notre environnement grâce à l'impression à la demande.

La librairie en ligne pour acheter plus vite
www.morebooks.fr

SIA OmniScriptum Publishing
Brivibas gatve 1 97
LV-103 9 Riga, Latvia
Telefax: +371 68620455

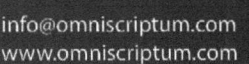
info@omniscriptum.com
www.omniscriptum.com

Printed by Books on Demand GmbH, Norderstedt / Germany